孩子生病，不一定藥醫

整體療法&兒童營養功能醫學

胡文龍——著

澄清醫院中港院區小兒神經科主任、小兒科主治醫師
科博特診所主治醫師

推薦序　兒童營養功能醫學的最佳入門書　周思源　12
推薦序　兒童健康快樂的成長，是我們的希望　黃碧桃　14
推薦序　父母必備孩童成長平安寶典　劉博仁　16
作者序　一本為孩子健康加分的實用醫學工具書　18
給家長們使用本書的建議　23

Ch 1

總論：三分天注定，七分靠打拚，孩子的健康並非全由基因決定

● 環境、生活習慣及飲食營養，才是致病主因　25
● 健康是基因先天注定？致病基因可以逆轉嗎？　27
● 孩子不生病的十二項環境及生活守則　29
①睡眠充足　②適度運動　③適度曬太陽　④避免含咖啡因飲料
⑤減少糖分及多餘的油脂攝取　⑥避免環境荷爾蒙（塑化劑）
⑦避免過敏原　⑧拒絕冰飲　⑨減少使用 3C 產品時間
⑩注意孩童個人衛生　⑪維持適當體重　⑫減少心理壓力
● 飲食營養上的六項不生病實踐術　37

①多喝水 ②攝取足夠熱量（卡路里） ③攝取足夠優質蛋白質
④攝取足夠維生素及礦物質 ⑤飲食多蔬果 ⑥養成孩子良好飲食習慣

Ch 2

體重增加緩慢兒：寶寶瘦巴巴，是腸胃吸收不良嗎？

● 病情分析：體重增加緩慢，原因追追追 47
兒童醫學小教室 體重增加緩慢的原因 48
● 診斷工具：體重增加緩慢兒有客觀的量測標準 51
①病史收集 ②身體檢查 ③實驗室檢查
● 病情診斷：體重增加緩慢不可等閒視之 52
● 整體療法：營養治療是體重增加緩慢兒的主要對策 53
①實際飲食改善，有助骨骼肌肉成長 ②用餐的行為改善，創造快樂用餐氛圍
● 兒童營養功能醫學：幫助增加體重的營養素 55
● 效果見證：只要用對方法，體重增加其實很簡單 56

Ch 3

身材矮小：孩子，我要你長得比我高大

● 病情分析一：成長的正常變異 63
①家族性身材矮小 ②成長及青春期體質性延遲
③特發性矮小症 ④低出生體重兒

● 病情分析二：疾病引起的身材矮小 67
①嚴重全身性疾病 ②內分泌疾病
③遺傳性疾病 ④骨骼發育不良

兒童醫學小教室 孩子到底會長多高？ 70

● 診斷工具：身材矮小有客觀的量測標準 72
①成長速度遲緩指標 ②骨齡 ③成人的預測身高
④病史及身體檢查 ⑤實驗室檢查 ⑥影像檢查

兒童醫學小教室 正常兒童成長速度，怎麼估算？ 76

● 病情診斷：孩子身材矮小的真正原因 78

①幸好是成長及青春期體質性延遲的孩子
②低出生體重兒合併輕微的生長激素缺乏
●治療對策：不是疾病造成的身材矮小，也有應對之道 79
●整體療法：兒童長更高的十三項重點對策 80
①充足睡眠是身高發展關鍵
②大塊肌肉運動激發生長激素持續分泌
③曬太陽才能促進肌肉骨骼成長
④咖啡因藉由干擾孩子睡眠，而影響身高
⑤糖分會抑制生長激素分泌
⑥類固醇藥物會影響兒童身高
⑦謹慎使用轉骨方，當心副作用
⑧環境荷爾蒙會造成性早熟、提早停止生長
⑨攝取足夠熱量，供應成長代謝需求
⑩攝取足夠優質蛋白質，供應肌肉和骨骼成長
⑪攝取足夠鈣質，幫助骨骼成長及生理機能正常運作
⑫攝取足夠維生素及礦物質，促進成長和發育
⑬生長激素注射，通常費時數年
●兒童營養功能醫學：更多增加身高的營養素 91
●效果見證：改變生活及飲食型態是長高的根本之道 94

Ch 4

異位性皮膚炎：癢癢癢！孩子抓不停，甚至抓到破皮流血

● 病情分析：環境和食物是誘發異位性皮膚炎的元兇 100
①異位性皮膚炎的症狀特徵
②異位性皮膚炎好發位置
③異位性皮膚炎的預後
● 病情診斷：基因、免疫失調、過敏，讓部分異位性皮膚炎難以治癒 103
● 整體療法：面面俱到讓皮膚不再發癢 105
①平日照護，黏稠的乳液比含水量高的乳液佳
②藥物治療，同時搭配使用黏稠的乳液
● 兒童營養功能醫學：異位性皮膚炎不開藥的處方箋 107
● 效果見證：發癢面積大幅減少，好睡精神好且重獲友誼 110

Ch 5

尿床：小孩已經上學了，為什麼還尿床？

● 病情分析：尿床會造成親子的壓力及困擾 114

● 病情診斷：找出尿床根本原因，啟動整體治療 116

● 整體療法：治療尿床的五項重點對策 117

①衛教及消除父母疑慮，孩子尿床別責備

②誘發治療動機，孩子主動積極配合

③治療長期便祕，降低膀胱敏感度

④尿床鬧鐘，有效改善尿床問題

⑤藥物治療，不要驟然停藥

● 兒童營養功能醫學：尿床不開藥處方箋 119

● 效果見證：跟尿床說掰掰，順利參加人生第一場學校露營 120

Ch 6

注意力缺失與過動症：過動症竟然是一種慢性疾病

●病情分析：過動兒可能是先天或後天因素造成　123
①注意力不集中的症狀　②過動／衝動性的症狀
③明顯造成社交或學習障礙　④注意力缺失與過動症的種類
●病情診斷：找出過動症難治的根本原因　128
兒童醫學小教室　家有過動兒，要不要治療？　130
●整體療法：治療過動兒的五項重點對策　131
①要同時治療焦慮症、憂鬱症等共病　②減少分心的環境，尤其房間和書桌
③減少食品添加物及過敏原　④別讓孩子曝露在環境毒素中
⑤藥物治療宜留意食慾減退及睡眠障礙等副作用
兒童醫學小教室　注意力缺失與過動症的共病有哪些？　133
●兒童營養功能醫學：過動兒不開藥的處方箋　137
●效果見證：過動兒積極治療與否，對往後的人生影響大　139

Ch 7

自閉症：孩子不跟別人講話、脾氣差又固執？

●病情分析：特徵是不理人、不看人、不怕人、不易有親密關係 145
●病情診斷：自閉症確診要五大類條件都符合 148
兒童醫學小教室 認識亞斯伯格症候群 151
●治療對策：治療自閉症採取多元且多面策略 152
①導致自閉症的原因眾多，排除檢測與共病治療宜併行
②自閉症要根據年齡與需求做治療
兒童醫學小教室 自閉症與其他疾病的鑑別診斷 154
●整體療法：治療自閉症的三項重點對策 156
①行為及教育介入，適當引起孩子的興趣
②藥物治療主要是治療共病
③瑜伽、氣功、養寵物等另類療法
●兒童營養功能醫學：自閉症不開藥的處方箋 158
●效果見證：多管齊下走出自閉，逐漸接受和別人一起玩了 162

Ch 8

兒童期糖尿病：已成為兒童常見慢性疾病

●病情分析：第一型糖尿病是兒童及青少年最常見類型 166

●病情診斷：糖尿病確診標準有四項條件 169

兒童醫學小教室 如何和第二型糖尿病做區別？ 170

●整體療法：糖尿病宜採取正規治療與飲食控制 172

①監測血糖、測試尿酮，以及門診追蹤

②飲食要少油、少糖、少鹽，多攝取低GI、高纖維食物

③糖尿病兒童的飲食特別事項

兒童醫學小教室 糖尿病童常出現低血糖症狀，當心影響腦部發育 176

●兒童營養功能醫學：糖尿病不用藥的處方箋 177

●效果見證：配合正規治療且補足缺乏營養素，血糖日漸穩定 180

兒童醫學小教室 如何延緩高風險兒童進入高血糖階段？ 182

Ch 9

兒童白血病：是兒童癌症發生率首位

● 病情分析：致病原因不明，但高風險者有跡象可循 185

① 初始發病症狀：淋巴結腫大、骨關節疼痛、發燒等

② 初步檢查為全血細胞計數、白血球分類計數、骨髓

● 病情診斷：白血病類型與化放療效果評估，決定治療成效 187

● 整體療法：治療兒童白血病的三大重點對策 189

① 藥物治療在不同階段，治療策略會不同

② 自我照護特別要注意個人衛生、避免感染

③ 化療或放療時，需要補充營養

● 兒童營養功能醫學：兒童白血病不用藥的處方箋 193

● 效果見證：恢復腸道功能、補充營養素，成功克服化放療副作用 199

附件一　富含特定營養素的食物 201

附件二　兒童每日膳食營養素建議 208

附件三　參考文獻 216

推薦序

兒童營養功能醫學的最佳入門書

孩子生病了，最憂心的就是父母親。莫不希望盡一切力量及可能方法，好幫助孩子早日恢復健康：只要對孩子有真正的好處，其實父母親並不會計較是哪種類別的現代醫療。澄清醫療體系董事長林高德博士曾說過：現代醫療講求的是團隊的整合，是跨科別、跨領域的合作，而營養功能醫學正是整合醫療的一環。站在病人的立場，只要對病人的治療有正面的結果，都是好的醫療。

澄清醫院中港院區小兒科的胡文龍主任，在本院任職超過二十年，他是院長信箱經常表揚的優秀醫師，也更榮獲《嬰兒與母親》雜誌多次票選為全國小兒科好醫師！胡主任除了以兒科的專業聞名之外，對兒童營養功能醫學也鑽研甚深，真正做到揭櫫的整合醫療的精神。他平日患者眾多，醫務繁忙，還能抽空完成這本《兒科好醫師最新營養功能醫學》，著實令人欽佩。最難得的是在書中，胡主任將他的醫療個案，以案例分享、病情分析、整體療法及效果見證的方式娓娓道來。能夠把艱深的醫學知識，用深入淺出的方式說明，讓每位家長都能看得懂，並容易應用在孩子身上，是本書最具特色的地方。

希望家長看了這本書之後，能夠更注意孩子平日的營養攝取及生活型態調整。萬一有疾病時，除了尋訪合適的醫師，為孩子做適切的診療外，如果還可以在醫師的指導下，給予適當的營養補充及生活型態調整，病情就可以得到加速的恢復。這就是整合醫療的重要：每個部分相互支援，全然從病患的立場去考量，只考慮對病人的治療是否有正面結果，而沒有類別之分及門戶之見。

兒童營養功能醫學雖然在國內外尚處萌芽階段，相信對國家未來主人翁的疾病預防及治療會有許多正向幫助。也期待隨著本書的出版，國人對台灣的兒童營養功能醫學能有更深的認識與獲益。

澄清醫療體系總院長暨中港院區院長

周思源

推薦序

兒童健康快樂的成長，是我們的希望

兒童是每個家庭中的寶貝，尤其是在極度「少子化」的台灣，每個家庭中的父母長輩都希望家中的寶貝們，能快樂健康的成長，能與疾病絕緣，免於病痛。然而，無論是富裕或較貧窮的家庭，百般細心或隨意照顧的兒童，仍然是無法確保兒童在成長期不患病的。胡文龍醫師，是我多年的同事及好友，從事兒科醫療工作已逾二十餘年，具有豐富的臨床經驗及愛心。

從多年的臨床工作經驗中，他發現兒童在成長期，如果有良好生活習慣、均衡的飲食營養及有愛心的環境，能讓兒童們健康快樂的成長。即使患病，也會快速地康復遠離病痛。在繁忙的臨床工作之餘，他潛心鑽研學習兒童營養的功能醫學，充分了解環境、飲食及生活習慣能改變許多與基因有關的疾病形態，治療疾病。

因此在閒暇之餘，他仍用心地完成這本《兒科好醫師最新營養功能醫學》，書中說明適當的運動、良好的飲食習慣及營養補充，對兒童成長的重要及對疾病的防治成效。他特別列舉出數種常見的兒童疾患，包括生長遲緩、身材矮小、體重過輕、皮膚病變、長期尿床、過動、糖尿病、白血病及兒童心理障礙自閉症等的生活照顧重要須知，提供給家長們參考，實屬這些類兒童成長期的照顧良策。而且，在每章節均設有臉書粉絲專頁，及當篇的 QR code，提供讀者家長們連絡及提問，真是照顧兒童的最佳寶典。

身為兒科醫師的我，強力推薦此書，可以做為人父母及長輩，照顧家中寶貝們的必備手冊。

陽明交通大學小兒科兼任教授
國防醫學院小兒學科兼任教授
銘傳大學兼任教授
童綜合醫院心臟醫學中心執行長

推薦序

父母必備孩童成長平安寶典

孩童從哇哇墜地開始，面臨的健康議題千奇百怪，從遺傳問題、各類感染疾病、成長曲線分佈、過敏疾病等等，尤其是近來自閉、妥瑞、過動等發生率持續增加，也造成家長的焦慮，更甚者，由於生活偏向精緻飲食化、低度活動、環境污染、高度3C產品依賴，導致孩童肥胖、脂肪肝、糖尿病、近視的比例攀高，這都是國人應重視的問題。

我過去十多年來因為從事營養醫學的調理，所以針對兒童成長、肥胖、過敏等問題涉略不少，也遍查文獻，希望在傳統藥物為主的治療模式中，摸索出一條兒童各類疾病的營養醫學治療方針，也在過去著作中不藏私地呈現出來，期望用拋磚引玉的方式，給兒童健康照顧的醫師參考。本書作者胡文龍醫師是現任中港澄清醫院小兒神經科主任，也是台中科博特診所的兼任主治醫師，過去我在醫院擔任耳鼻喉科主任的時候與胡醫師經常因為兒童患者的照顧互相照會，並有許多討論的經驗，胡醫師細心、耐心是出了名，不但學有專精，也是孩子家長心目中的好醫師。

記得一次一位因為突發性耳聾住院在我病房的兒童，因為狀況有異，半夜請胡醫師會診，立即診斷出腦膜炎，並加以治療，化險為夷，讓我對他的專業敬佩有加。後來因為他對於兒童疾病營養介入調理相當有興趣，因此請我給予指導，也就是這因緣，請他在我的科博特診所擔任兼任主治醫師，也累積了大量寶貴臨床經驗，他如今將其寶貴經驗寫出來，分享給大家，實屬難能可貴。

功能醫學以及營養醫學是以腸道健康、毒物排除、粒腺體能量、精準營養調理、基因變異等的剖析來作為不同於藥物的治療介入，胡醫師將兒童成長、異位性皮膚炎、夜尿、過動、自閉、糖尿病，甚至是兒童血癌，以營養功能醫學的角度來檢視並整理出一套重要邏輯，我看了之後拍案叫絕，真的是太精采了，內容相當完整，除了可以提供給有興趣的醫療專業人士參考，更是兒童家長家中必備的一本孩童成長平安書，我誠心推薦給各位。

台中科博特功能醫學診所院長
台灣基因營養功能醫學會理事長
劉博仁

作者序

一本為孩子健康加分的實用醫學工具書

一九九八年底，我在台北榮總擔任研究醫師，那時候剛考上小兒專科醫師一年多，又快要參加次專科的考試，平心而論就一位醫師的專業訓練過程來說，正是他／她對專科的理論知識最熟悉的時刻。

一個冬日的傍晚，查完房，天已經暗了；在兒科護理站，正看著孩子的核磁共振片子時，一位新近診斷出白血病的孩子媽媽，羞怯地小聲的叫我，問我說：「胡醫師，我應該給小孩特別吃什麼，才會對他病情有幫助呢？」不過，這麼簡單有關病人飲食營養的問題，一時之間卻把我難倒了。只能吶吶的回答她「正常吃就好……」。

回顧我的醫師訓練過程，從學校教授臨床課程，一直到醫院實習及住院醫師訓練，都忙著學習現代醫學對於疾病的診斷與治療。事實上，光是這些正規現代醫療的學習與訓練，就已經十分浩瀚了。不過在另一方面，就算連教科書，在衛教及日常生活注意事項這一部分，包含如何改善孩子的環境及生活習慣，都著墨不多，或匆匆一筆帶過。至於哪一種飲食營養，對何種疾病有幫助，內容更是如鳳毛麟角般稀少。

傑佛瑞・布蘭德（Jeffery Bland）博士也觀察到這個現象，所以一九九三年在美國首創功能醫學的概念，他重新反思：現代人的環境、生活習慣及飲食營養，是造成許多疾病的源頭；藉著改變環境、生活習慣及飲食營養，可以使得許多疾病在正規治療之外，能夠多添一項有力的輔助治療工具！

隨著二〇〇一年人類基因體解碼，以及分子生物學研究方法的進步，越來越多的研究證明：可透過環境、生活習慣及營養因素的改變，而去改變基因的表現，就能對病患產生不亞於現代醫療的治療效果，而作為正規治療外的有力輔助治療！

一九九九年來到台中澄清醫院，開始超過二十年的兒科主治醫師執業生涯。除了慢慢累積經驗，也對之前學習到的專科理論知識，一一進行實地驗證。同時更反覆深刻感受到：作為一位家長，除了謹遵醫囑外，那一份想再幫孩子多做點什麼，好幫助他早日恢復健康的迫切心情。尤其是在自己有了孩子後，更是感同身受。所以每次看診完畢，我總是給予衛教及日常生活注意事項，以期幫助改善病情，並且預防再次得病。

二十幾年前，那位媽媽提出關於疾病飲食營養的疑問，始終是在我心底的一個楔子。而澄清醫院前同事，現任科博特診所院長的劉博仁醫師，則引領我專精兒童醫學之外，同時潛心鑽研兒童營養功能醫學，而在診所兼職的這幾年也跟隨著劉院長學習。院長仁心仁術，是台灣基因營養功能醫學會理事長，也是台灣這方面的先驅。能夠親炙大師風範，再配合我自己擁有的二十年兒科經驗，因此進步很快。雖然慢了二十年，但是總算能夠回答，當年那位媽媽問我的問題了（請參考第九章兒童白血病）。

本書定位為一本家庭的兒童醫學工具書，目標是：任何有需要的家長，都能從本書的內容，自行找到如何藉由改變環境、生活習慣及飲食營養的方法，而能幫助孩子的病情。內容提到的人名皆為化名，以維護患者隱私。

建議先閱讀第一章，再直接看想要了解的疾病那一章。如果對醫學名詞覺得生疏，讀完每章開頭的「案例分享小故事」後，不妨先直接跳到每章的「整體療法」及「效果見證」等內容，會提供許多改變環境、生活習慣及飲食營養等建議事項，可以立刻實際應用在孩子身上，幫助改善病情。

特別提醒一下，內文如有提到補充某種特定營養素，可以對照「附件一、富含特定營養素的食物」，讓孩子多攝取含該營養素的食物（如果沒有對該食物過敏）；如果孩子偏食，或擔心攝取不夠，想要另外補充，則請見「附件二、衛福部兒童每日膳食營養素建議攝取量」及「上限攝取量」做為參考。但是，如果要另外補充營養素，還是建議要在醫師的建議及監測下補充，是比較理想的作法。

另外，為方便讀者和筆者做雙向的溝通，每章皆有對應臉書粉絲專頁當篇的文章 QR code，以供大家留言互動討論，也歡迎私訊，我會儘量抽時間回覆。每章都有參考文獻，有興趣進一步了解的讀者，也可以掃描各章開頭的 QR code，這樣在網路上查詢參考文獻會方便很多。如果喜歡粉專內容，也拜託讀者多按讚分享，謝謝！

最後，首先最要感謝的是：前台北榮總兒童醫學中心主任、前台北市立聯合醫院忠孝院區院長，也是現任童綜合醫院心臟醫學中心執行長——黃碧桃教授。恩師黃教授帶領我走入兒科的領域，才進而能在北榮眾師長薰陶下，開始領略兒科的宗廟之美、百官之富。可以說，沒有黃教授的教導，就沒有今日兒科的我。

其次要感謝的是：前澄清醫院總院長、現任澄清醫療體系董事長——林高德博士。因為林博士及歷任總院長和院長們，合力精心打造了一個，以服務、溝通、精緻為信念的優質醫療環境，才能讓我從北榮訓練結束後，在林博士的支持下，於此發揮所學、服務病患，而無任何後顧之憂。

最後要感謝的是：台灣基因營養功能醫學會理事長暨科博特診所院長——劉博仁醫師。劉院長學識淵博，是台灣基因營養功能醫學的先驅及大師。跟隨劉院長學習的這幾年，除了親炙院長的風範，也學會在現代醫療之外，再以生活調理、營養補充的方式，幫患者做最全面的輔助治療。

當然也非常感激，這些年一起共事相處及幫忙的各位長官及同事們。最後，期望受苦中的孩子及爸爸媽媽們，都能藉由這本書的幫助，能夠減輕病痛，重獲健康喜樂！

澄清醫院中港院區小兒神經科主任
台中科博特功能醫學診所主治醫師

胡文龍

胡文龍醫師之基因營養功能醫學專頁

給家長們使用本書的建議

1. CH1 總論
2. 看想要了解的疾病章節
3. 每章開頭的「案例分享」
4. 每章「整體療法」及「效果見證」
5. 幫助孩子從食物攝取特定營養素「附件一」
6. 孩子偏食、額外補充營養素「附件二」
7. 查閱參考文獻「附件三」
8. 與醫師線上互動討論，掃描各章 QR Code

CH1

總論

三分天注定，七分靠打拚，孩子的健康並非全由基因決定

在醫學不發達的年代，很多人得病，常常連得到什麼病，都不知道，得碰運氣接受非正規治療，運氣好的話，就可以重獲健康。在這種情況下，更不可能知道，日後要改善哪些事情，以及如何預防再次得病。

孩子生了病，最重要的是帶去看醫師，經由專業診斷後就會提供適當的治療，更理想的狀態是能再給予衛教及提醒日常生活注意事項，全方位協助來幫助改善病情，並且預防再次得病。

看影片

環境、生活習慣及飲食營養，才是致病主因

古希臘「西方醫學之父」希波克拉底（Hippocrates），是西方史上首位醫師，提出疾病不是天譴或超自然力量所致；而認為環境、生活習慣及飲食，才是造成疾病的主因。這個基本觀念上的革命，使得醫學慢慢走上科學研究的方向。

現代醫學發現，除了環境、生活習慣及飲食營養之外，基因遺傳也是造成許多慢性疾病的重要因素之一。現代醫學研究疾病的診斷及治療，已歷時數百年，成果豐碩；不同的疾病診斷，給予不同的藥物或外科治療，成為現代醫療的顯學。在此同時，卻將造成疾病的主要原因，即環境、生活習慣及飲食營養，慢慢地在治療上變成二線角色。

走筆到此，或許有爸爸媽媽開始心生疑惑，覺得所謂「環境、生活習慣及飲食營養」的影響，應該需要幾十年的日積月累，最終才會造成成年人常見的三高等各式慢性疾病；小孩才這麼小，或許還不至於受到這三項因素這麼大的影響吧？但是事實上，在飲食營養方面，從懷孕

開始，脆弱的胎兒就已經和母體開始各種互動。根據衛福部資料，台灣地區孕婦維生素E、鈣及鐵等有攝取不足之情形，其中維生素E及鈣質的攝取量僅達參考攝取量之一半！甚至有許多孕婦的血液中，發現有葉酸、維生素B_1、維生素B_2、鐵及碘等缺乏的現象，這對需要大量營養的胎兒會造成不良影響。喝母奶的孩子，若一歲後仍持續只喝母乳，會造成貧血、長不大，以及維生素D不足。而在開始吃副食品以後，許多孩子的偏食及挑食毛病，會使得營養不均衡，而造成抵抗力差、便祕、過瘦或過胖及身材矮小。

在生活習慣方面，許多孩子因各種因素，使得睡眠不足、運動不夠、個人衛生習慣不良、不曬太陽、愛喝甜飲料等，而造成注意力不集中、肥胖、糖尿病、性早熟、長不高、容易感冒或腸胃炎。而環境中的各式汙染，例如空污、重金屬、塑化劑及殺蟲劑等，則會誘發過敏氣喘、肺功能異常、造成內分泌失調、阻礙生殖機能、引發惡性腫瘤或使得注意力不集中。近年來兒童常用的手機和平板，則會影響視力，使學齡前孩子產生依附障礙、發展遲緩及情緒障礙；學齡後孩子則會出現注意力不集中、睡眠障礙，甚至記憶力變差！

健康是基因先天注定？致病基因可以逆轉嗎？

不可否認地，截至目前為止，仍有許多疾病，有它治療的極限在；以至於許多頑固慢性病的患者，由於治療效果欠佳，而認為健康是基因先天注定的，因此對現代醫療開始產生懷疑及失去信心。

一九九三年功能醫學的出現，提出重新反思：現代人的環境、生活習慣及飲食營養，是造成許多疾病的源頭；藉著改變環境、生活習慣及飲食營養，可以幫助許多病友在百思不得其法的困境中解脫，尋求在正規治療之外，多添一項有力的輔助治療工具！

況且，隨著二〇〇一年人類基因體解碼，以及分子生物學研究方法的進步，人類開始了解：為何改變環境、生活習慣及飲食營養，就能對病患產生不亞於現代醫療治療的效果。

改變基因，是目前科技在很多疾病根本治療上的努力方向，不過顯然還有很長一段路要走；但是，造成有特定基因的族群，引起發病的環境、生活習慣及營養因素，卻可以設法避免與改善。

醫學界近年來開始了解，可以藉著改變「表觀遺傳學」（epigenetics），也就是在不改變基因的前提之下，通過某些機制引起可遺傳的基因表達或細胞表現型的變化，使得有特定基因的族群減緩症狀或甚至不發病！簡單來說，就是：基因雖難以改變，但是可透過環境、生活習慣及營養因素的改變，而去改變基因的表現！

這種藉由改變環境、生活習慣及飲食營養，達到改變表觀遺傳學，使得有特定基因的族群減緩症狀或甚至不發病，以作為兒科疾病的有力輔助治療，就是本書寫作的主要目的。

實際做法上，在環境、生活習慣及飲食營養，要做到哪些事項，可以幫助有病的孩子恢復健康、處於亞健康的孩子不要發病，以及沒病的孩子如何不生病呢？

其實，都是些老生常談，只是常被大家忽略了。在此，還是不厭其煩地和大家分享這些不生病的生活習慣，因為魔鬼就藏在點點滴滴的日常生活細節中。

孩子不生病的十二項環境及生活守則

一、睡眠充足

睡眠對孩子太重要了！除了消除疲勞、恢復體力及提升免疫力之外，擁有充足的睡眠，可以激發生長激素的分泌，對於孩子的身高發展，是非常關鍵的影響因素。

充足睡眠也對其他影響身高的腦內激素有幫助，諸如甲狀腺素、性荷爾蒙等。缺乏睡眠，則和注意力不集中、記憶衰退、高血壓、心臟病、中風、糖尿病，以及憂鬱症等許多疾病有相關性。

二、適度運動

運動可以增強心肺功能、強化肌肉骨骼、促進新陳代謝、避免肥胖、減輕精神壓力、提升免疫力，並且減低成人後罹患心臟病、高血壓、糖尿病等嚴重疾病的機會。

美國的「疾病控制與防範中心」（Centers for Disease Control and Prevention, CDC）認為，小孩和青少年每天至少需要六十分鐘或更多的運動量。此外，運動本身和睡眠一樣，都可以激發生長激素的分泌。

三、適度曬太陽

維生素D是促進肌肉及骨骼成長的重要維生素，也對免疫系統、神經系統有益；甚至對胰島素調節，及癌症基因表現都有正面影響。

如果從食物已攝取到足夠維生素D，還是必須經過皮膚紫外線B（UVB）的照射後，才能轉化為活性維生素D_3。一般來說，一天曬太陽十五分鐘就足夠，可同時在戶外運動時，邊曬太陽。另外，富含維生素D的食物有：沙丁魚、鮭魚、乳酪、蛋黃、黃豆、菇類及五穀類等，可讓孩子多多攝取。

12 項不生病的環境及生活守則

減少心理壓力

睡眠充足

適度運動

維持適當體重

適度曬太陽

注意個人衛生

避免含咖啡因飲料

減少使用 3C 產品時間

減少糖分及多餘的油脂攝取

拒絕冰飲

避免過敏原

避免環境荷爾蒙

四、避免含咖啡因飲料

含咖啡因的飲料，例如可樂、紅茶、奶茶等，容易干擾睡眠的質與量，導致生長激素分泌障礙，影響兒童身高。咖啡因會刺激腸胃及使中樞神經興奮，造成對學齡前幼兒的情緒、身心發展產生影響，應避免讓學齡前幼兒攝取。此外，茶飲料的單寧成分，也會抑制鈣及鐵質的吸收。所以，兒童及青少年都要避免飲用茶類、機能飲料、咖啡及可樂等。

五、減少糖分及多餘的油脂攝取

糖容易導致肥胖、引發蛀牙及增加罹患糖尿病的風險。研究顯示，只要攝取七十五克的糖（約相當於一杯八百毫升全糖珍珠奶茶的含糖量），就可以把原本可分泌十六．五毫單位／每升（mU／L）的生長激素，抑制到只剩下少於一．五毫單位／每升（mU／L）！所以孩子原本運動後，身體會大量分泌生長激素，此時如果補充大量含糖飲料，就會抑制生長激素分泌，抵消了運動的成果。

另外，多餘的糖分及油脂，會造成兒童期肥胖。而肥胖除了容易造成成人後，腦心血管疾病及三高之外，在兒童期會造成性早熟，使骨齡提早成熟，造成生長板提早關閉，並且停止生長！所以，少吃甜食、肥肉、雞皮及油炸食物等，對於長高很重要。

六、避免環境荷爾蒙（塑化劑）

塑化劑是一種環境荷爾蒙，會造成內分泌失調，阻礙生殖機能，包括生殖率降低、流產、天生缺陷、異常的精子數、睪丸損害，還會引發惡性腫瘤或造成畸形兒！塑化劑對孩童最大的危害之一，是造成性早熟。性早熟可能使生長板提早關閉，使孩子停止生長。近年來，門診遇到的性早熟孩子越來越多，而其中多數做了很多檢查，都找不到潛在原因，這時就要考慮檢測血中塑化劑。

塑化劑通常會添加在食品和飲料的包裝材料、塑膠玩具、醫療器材及耗材、裝潢建材、電線電纜絕緣層、洗髮精及沐浴乳等，可說是無所不在，而防不勝防！

七、避免過敏原

據統計，台灣每三人就有一人有鼻子過敏。過敏原除了誘發孩童過敏性鼻炎外，還會造成異位性皮膚炎，甚至氣喘！

台灣主要以室內的過敏原，諸如塵蟎、灰塵、蟑螂、黴菌孢子或寵物皮屑等為主；此外，室外的霧霾及室內裝潢傢俱產生的甲醛及苯等，不但可能會造成癌症及肺功能異常外，更是造成過敏性鼻炎及氣喘發作的重要誘發因子！

實用的建議有：空污嚴重時減少外出或戴口罩外出（在學校時也是如此）、家中裝潢要採用符合國家標準及污染少的裝修材料、家中不養寵物、使用防塵蟎寢具、家中放空氣濾清器並按時更換濾網、兩週清洗一次寢具並用六十度以上高溫烘乾或熱水燙過、家中不放地毯、床上不擺絨毛玩具及不用毛毯、避免食物殘渣滋生蟑螂、保持生活作息正常、減少壓力、適度運動，以及室內使用除濕機使濕度小於五十％。

八、拒絕冰飲

建議不要再給孩子喝冰飲料！因為冰品會刺激副交感神經，加重鼻黏膜腫脹的情況。有些孩子喝了冰飲，會導致平滑肌收縮，以至於支氣管收縮、頭痛或腹痛。而市售飲料中的高果糖糖漿及添加物，也對健康不利。

九、減少使用 3C 產品時間

3C 產品對幼兒可能會產生的影響非常多，諸如影響視力、依附障礙、發展遲緩及情緒障礙等，尤其是網際網路的使用，一般已經認定會產生如酒精或尼古丁的「上癮症」。

美國小兒醫學會建議：二歲以下嬰幼兒不應使用 3C 產品，二到五歲幼兒每日使用 3C 產品時間應在一小時以內。大孩子如果沉迷在玩手機、上網、電玩及看電視，則容易出現注意力不集中、睡眠障礙，甚至記憶力變差。

父母親應下載手機控管軟體，嚴格管制每日使用時間：二歲以下嬰幼兒不應使用 3C 產品，五歲以下每天不超過一小時，學齡後兒童每天不得超過兩小時。

十、注意孩童個人衛生習慣

這是避免得到感染性疾病的關鍵！包括常徹底洗手、不用手摸眼口鼻、疫情期間少出入公共場所、出入公共場所戴口罩、按時注射疫苗、避免生食、保持室內空氣流通、生活環境常清潔打掃等。

十一、維持適當體重

過胖或過瘦都不好！孩子過胖，除了容易造成成人後，腦心血管疾病及三高之外，性早熟風險會增加，也容易因此而遭到同學霸凌歧視。過瘦則會因營養缺乏，造成生長遲緩、免疫功能低下、學習力減退、貧血、掉頭髮及骨質疏鬆等。世界衛生組織建議以身體質量指數（Body Mass Index, BMI）來衡量肥胖程度，其計算公式是以體重（公斤）除以身高（公尺）的平方。太瘦、過重或太胖皆有礙健康。

十二、減少心理壓力

小朋友及青少年當然也會有心理壓力！而大規模統合分析顯示：慢性心理壓力會降低體液免疫及細胞免疫力，使人易罹患疾病。除了免疫受損之外，心理壓力也會對消化、記憶、注意力和情緒方面造成長久傷害。所以，學習如何調適身心及紓解壓力，是所有大人及小孩的重要課題之一。

飲食營養上的六項不生病實踐術

能夠均衡飲食，保持在營養充足的狀態，自然不容易生病。現代人理論上營養方面應該不會有問題，但是實際上，幼兒期會偏食挑食；壯年期忙於工作，經常飲食只求裹腹；老年時胃口不佳、吃得少，在人生各個階段，其實都可能會有潛在的營養缺乏問題。

以實際數據來說明就很清楚明瞭，根據衛福部資料，台灣一至六歲幼兒，葉酸平均攝取量未達三分之二參考攝取量之人數百分比，在一至三歲為四十一．五％，四至六歲甚至高達七十二．七％！

嚴重缺乏營養素時會造成何種疾病，醫學上早已知之甚詳，例如嚴重缺乏維生素B_1，會造成腳氣病（beriberi）；但是各式營養素不足或輕微缺乏，和許多疾病的關聯性，現在才開始慢慢被揭露出來，在本書中許多章節都有闡述此一驚人事實！

目前已有各式體內營養素檢測，可以精準地知道哪些營養素不足，進而給予補充。在飲食營養方面，必須注意的六項原則，分別說明如下：

一、多喝水

足夠的飲水，可以幫助血液運送足夠氧氣到免疫系統，使免疫細胞能發揮作用。水分足夠也可以幫助身體細胞代謝運作，及腎臟加速排除代謝毒素。此外，水分可以保持眼睛及口腔黏膜濕潤，而避免被病毒入侵。

值得注意的是，六個月以下寶寶以奶為主食，除非流汗、發燒、腹瀉或脫水，不另外喝水也無所謂，但是要讓寶寶開始習慣水的味道。六個月以上寶寶，配合吃副食品，開始慢慢增加飲水量。

一歲以上乳幼兒，以副食品為主後，一定要充足給予水分；包含奶及水，每天應攝取水分公式為：體重第一個十公斤，每公斤乘以一百毫升；體重第二個十公斤，每公斤乘以五十毫升；第三個十公斤以上，每公斤乘以二十毫升。

二、攝取足夠熱量（卡路里）

兒童攝取食物，食物中的醣類、脂肪和蛋白質轉化成熱量後，用以維持心跳、血壓、體溫等基本代謝需求。另外，活動、上學、跑跳、免疫抵抗力等也都需要熱量。若還有熱量，則拿來長

乳幼兒每天應攝取水分公式，以體重 30 公斤為例：

第 1 個 10 公斤 × 每天攝取 100 毫升 +

第 2 個 10 公斤 × 每天攝取 50 毫升 +

第 3 個 10 公斤 × 每天攝取 20 毫升 =**1700 毫升**

高，再多出的熱量則轉化為脂肪組織。所以兒童熱量不足，首先表現的就是過瘦；持續長期熱量不足，就會長不高及容易生病！經過戰亂的長輩那一代，普遍身高不高及童年夭折率高，絕大多數就是因為這個原因。

每天應攝取熱量公式為：體重第一個十公斤，每公斤乘以一百大卡；體重第二個十公斤，每公斤乘以五十大卡；第三個十公斤以上，每公斤乘以二十大卡。

其中蛋白質占十～二十％，脂肪占二十～三十％，醣類占五十～六十％。幼兒的腸胃較小，無法一次進食多量，因此每日除了三餐之外，在兩餐之間通常需要吃點心，以補充正餐食物能量的不足。多次的正餐和點心需符合幼兒的營養

乳幼兒每天應攝取熱量公式，以體重 30 公斤為例：

第 1 個 10 公斤 × 每天攝取 100 大卡 +

第 2 個 10 公斤 × 每天攝取 50 大卡 +

第 3 個 10 公斤 × 每天攝取 20 大卡 =**1700 大卡**

素和熱量需求，並且維持足夠血糖濃度以支持快速發育的腦和神經系統。

三、攝取足夠優質蛋白質

人體是由蛋白質建構而成，身體成長需要攝取大量優質蛋白質，才能提供素材，製造肌肉及骨骼，並且修補組織，維持免疫機能。

兒童及青少年的每日蛋白質攝取量建議為：體重（公斤）×一·二～一·四（克）。以體重二十五公斤的孩子為例，每日約需要三十～三十五公克的蛋白質，其中三分之二（約二十～二十三公克）建議攝取蛋、乳製品、魚、瘦肉等優質蛋白質。

所謂「優質蛋白質」，意謂包含九種必需胺基酸的蛋白質。這九種必需胺基酸包括：異白胺酸（isoleucine）、白胺酸（leucine）、離胺酸（lysine）、甲硫胺酸（methionine）、苯丙胺酸（phenylalanine）、蘇胺酸（threonine）、色胺酸（tryptophan）、纈胺酸（valine）和組胺酸（histidine）。瘦肉、肝臟、雞蛋、魚、奶類等含有完整九種必需胺基酸，這些所謂的完全蛋白質食物，才能提供優質蛋白質。

如果為素食者，則建議在五穀雜糧之外，多攝取黃豆製品或其他豆類食品，才能藉由互補，攝取到較為均衡的完全蛋白質來源。

四、攝取足夠維生素及礦物質

孩子身體成長期，除了需要醣類、脂肪和蛋白質等巨量營養素，此外維生素及礦物質等微量營養素彼此協同作用也不可或缺！維生素及礦物質存在於各式穀物、肉、蛋、奶類、海產、堅果及蔬菜水果中，所以均衡不偏食，才能完整攝取足夠的維生素及礦物質。

五、飲食多蔬果

蔬果富含纖維、維生素及礦物質，一天飲食至少包含五份蔬果，可以明顯增強人體的抗體反應，讓孩子減少生病，也不容易便祕。所謂的「天天五蔬果」，是每天至少要吃三份蔬菜與二份水果，共五份的蔬菜水果。而蔬菜一份大約是小孩自己拳頭大小的各式煮熟蔬菜，每天共三份蔬菜；水果一份相當於一個拳頭大的各種水果，每天二份水果。

事實上，許多孩子都排斥吃蔬果，有可能是口感、顏色、味道或心理因素所造成。不妨將水果切成小塊可愛造型，和孩子喜愛的水果混搭。葉菜類則剁碎，再混合在其他食物中，讓它咀嚼起來，沒有纖維的口感，比較不會排斥。像是胡蘿蔔及根莖類也切成可愛造型，和喜歡的食物一起燉煮後，讓特殊氣味減少，而且看不出讓他排斥的鮮艷顏色，又容易入口。還有一個妙招就是幫孩子喜歡的食物取名字，再和他不愛的蔬果拉關係、套交情，卸除他對蔬果的心防。

重點是，請爸爸媽媽不要強迫孩子吃蔬果，以免他一到吃飯時間，就制約性的排斥食物，形成惡性循環。

六、養成孩子良好飲食習慣

讓孩子長大後遠離三高，是給孩子未來一生的禮物！食物要少油、少糖、少鹽。避免大量攝取高膽固醇食物，例如內臟、蟹黃、魚卵、蝦卵、蝦子、花枝。少吃豬皮、雞皮、鴨皮等含油脂高的食物。多攝取低升糖指數（Glycemic Index, GI）及高纖維質食物，如全穀類、蔬菜、甜度低的水果、優質蛋白質食物等。烹煮食物時，儘量以清燉、水煮、燒、蒸、涼拌等方式；少用煎及炸的方式。

炒菜宜選用不飽和脂肪酸高的油脂（例如：茶油、大豆油、花生油、玉米油、葵花油、橄欖油等）；少用飽和脂肪酸含量高的油脂（如：豬油、牛油、肥肉、奶油等）。一周建議食用兩到三次深海小型魚，例如鯖魚、沙丁魚及鮭魚等，以攝取ω-3脂肪酸（omega-3 fatty acid），對孩子腦部及視網膜發育有益。此外，喝果汁不如吃水果，因為少了纖維的果汁，本身反而就變成高升糖指數的飲品。

在需要外食的時候，大原則同前述內容。此外儘量不要選擇吃到飽餐廳，以避免暴飲暴食。有可能的話，選擇全穀類（如胚芽米、糙米或全麥麵包）當主食，並且避免油脂高的炒麵或炒飯，以及油炸類食物，也要少吃加工類食品（如香腸、熱狗等）。

國人的飲食習慣，在外食時通常肉類偏多而蔬菜量不足，注意需滿足到每人兩至三份蔬菜的量。可以的話，主動要求店家減少各式調味料用量；必要時，可以用飲用水沖洗油膩或過鹹的菜餚，避免食入太多油脂或鹽分。容易忽略的是，在用餐及飯後一定要避免喝含糖飲料，以免攝入過多糖分及空熱量。

《黃帝內經》中提出：「上醫治未病，中醫治欲病，下醫治已病。」這種預防醫學的觀念，早於西方現代醫學兩千多年！藉著改變環境、生活習慣及飲食營養，除了可以為許多已生病的孩子，在正規治療之外，多添一項有力的輔助治療工具；對於亞健康的孩子，也可以讓他不會發病。當然，最終希望是：能讓每一個重獲健康的孩子，都能長久維持在健康狀態。

CH2

體重增加緩慢兒

寶寶瘦巴巴，是腸胃吸收不良嗎？

和怡是一個可愛的八個月大寶寶，她是雙胞胎的老二，出生時只有一千五百公克；她的雙胞胎姐姐，出生時則是二千五百公克。和怡目前體重八．二公斤、身長六十六公分，在她十．四公斤重、六十九公分長的姐姐旁邊，看起來整整小了一號。

克欣快滿兩歲了，他沒有早產，剛出生時的身高及體重，都在正常範圍，也沒有發展遲緩的問題。但是就是一直只有長高，沒有長肉肉。他的身高有九十一公分，但是體重卻只有十公斤。

病情分析

體重增加緩慢，原因追追追

行醫多年，看到很多憂心忡忡的父母帶著孩子到我門診，原因是孩子太瘦。很多時候，像和怡一樣，只是父母或祖父母要求標準比較高，孩子其實並不能算瘦。

在醫學上，體重增加緩慢的定義，目前認為是體重和相同年齡、性別及種族的孩子相比較，體重的生長曲線低於兩個百分位以下，或體重在六個月內下降超過（含）兩個百分線（例如由第七十五百分位下降至第二十五百分位），才能算是太瘦。有些小孩體重確實增加緩慢，嚴重時，連身高或頭圍都會變小。以前醫學上稱這群孩子為生長遲緩兒（failure to thrive），現在因為名詞定義不明確，而改以體重增加緩慢兒（Poor weight gain）稱之。

一旦孩子的體重增加緩慢，長期會導致嚴重營養不良，進而造成持續矮小、免疫缺損及腦中樞神經受損，須及早處理採取對策。

至於，為何會體重增加緩慢？據醫學統計指出，約五%的小孩體重增加緩慢，尤其是兩歲以內的孩子最常見！幾乎任何身體器官有問題時都可能造成體重增加緩慢，例如早產、出生體重過輕、發展遲緩、染色體異常、唇顎裂、胎內感染、鉛中毒、貧血，或是任何會造成營養攝取不足、消化不良、吸收不良及代謝加快等的疾病。

不過，大多數體重增加緩慢的病例起因於行為及心理社會因素，造成營養熱量攝取不足，進而導致小孩體重增加緩慢，這些原因包括：貧窮、持續只餵食母奶或配方奶、餵食技巧不足及兒虐等。

兒童醫學小教室

體重增加緩慢的原因

吃不多、沒胃口、吸收不好等因素都會造成孩子營養不敷使用，導致小孩體重增加緩慢。另外，不同年齡也有不同原因造成小孩子體重增加不見起色。

•營養因素的可能原因

1. **營養素攝取不足（因為食慾不佳或無法足量進食）**：因疾病導致吞嚥咀嚼困難（如肌肉張力過高或過低、腦性麻痺等）、心肺疾病、餵食技巧不佳、極度挑食、偏食、慢性感染等。
2. **營養素吸收不佳或流失**：因膽道阻塞、慢性腸胃炎、慢性腎病等原因造成吸收不良或無法吸收營養素。
3. **營養素需要量增加或無效的利用**：甲狀腺功能亢進、糖尿病、惡性腫瘤、慢性發炎性疾病、慢性感染、心肺疾病等會大量消耗營養素。

•年齡因素的可能原因

1. **產前**：有胎內成長遲滯、早產、胎內感染、代謝或染色體症候群；母體在孕期吸菸、酗酒或吸毒情形的孩子比較容易體重增加緩慢。

2. **出生至六個月**：可能有吸乳效率差、配方奶泡製不正確、胃食道逆流疾病、先天性心臟病、口腔吞嚥功能失調、乳蛋白不耐、餵食量不足、代謝或染色體症候群、雙親精神疾病、孩子疏忽照顧、餵食技巧不好、餵食互動不佳等情形。

3. **七至十二個月**：可能是食物過敏、腸道寄生蟲、餵食問題（諸如孩子堅持自己吃、對不同質地食物適應不良、太晚吃副食品、未提供足量或多種類副食品等）。

4. **十二個月以上**：強制餵食、挑食、偏食、進食時極易分心、分心的進食環境、心理社會因素、自閉症、咀嚼或吞嚥失調、牛乳或果汁攝取過多、慢性疾病、未提供足夠熱量及營養的食物。

診斷工具

體重增加緩慢兒有客觀的量測標準

評估一個體重增加緩慢兒，首先要區分嚴重程度：若以生長曲線圖第五十個百分位為標準值，則若孩子體重為標準值的九十%以上，則為正常；標準值的七十五～八十九%之間為輕度；標準值的六十～七十四%之間為中度；標準值的六十%以下為重度體重增加緩慢兒。越是嚴重，越需緊急優先處理！

為了能對症診治體重增加緩慢兒，必須徹底廣泛地從病史、身體檢查及實驗室檢查等三方面收集資料。

一、病史收集

重點包含：何時開始出現體重增加緩慢、過去疾病史、飲食及營養熱量攝取、心理社會因素、孩子生長環境及孩子的行為與發展。此外，教導家長記錄孩子的飲食習慣及攝取熱量，也是一大重點！

二、身體檢查

重點包括：身高、體重及頭圍的測量，呼吸音、心雜音、肝脾腫大、淋巴結腫大及腹脹等。

三、實驗室檢查

視個人狀況不同而定，包含：血液中的全血細胞計數、發炎指數、電解質、肝腎功能、葡萄糖、鈣、磷、鎂、澱粉酶、脂肪酶、白蛋白、總蛋白、尿液常規及培養、糞便常規及培養和胸部X光片。如果需要時，再考慮進一步的檢查。

病情診斷

體重增加緩慢不可等閒視之

如果沒有早期發現早期介入處理，體重增加緩慢可能會影響孩子的生長、行為及發展。處置上，要視每個人的嚴重度、潛在疾病及孩子與家庭的需要，做個人化的考量，主要照顧者的配合尤其重要！必要時要和營養師、職能治療師、心理治療師、社工及兒科醫師一起參與治療計畫。

如果是輕度體重增加緩慢，且未合併潛在疾病，首要就是讓孩子多吃些正餐！尤其，要減少零食攝取，並且少量多餐。此外，還要定時定量，營造一個放鬆無壓力的用餐環境，用餐時減少分心的誘因等。

如果已達中度體重增加緩慢，則需上述的團隊介入。營養師擬定了熱量及蛋白質攝取目標後，通常會希望在七到十天後達成，不可太快，以免產生併發症。重點是要定時回診，以監測飲食計畫執行及監測體重。

重度體重增加緩慢，則須立刻辦理住院，做進一步檢查及處理。

整體療法　營養治療是體重增加緩慢兒的主要對策

無論輕、中、重度體重增加緩慢，營養治療是體重增加緩慢兒最重要的處理！營養治療的目標，是設法讓孩子以二到三倍的體重增加速度，去彌補之前的體重增加緩慢。

每個年紀孩子的體重增加速度都不同，而在補充熱量及蛋白質，讓孩子加速體重增加之時，原本孩子體內儲存的維生素及礦物質會被大量消耗，其中鐵及鋅的補充更為重要！同時，也要配合適時的監測。

一、實際飲食改善，有助骨骼肌肉成長

實際要如何增加飲食的熱量及蛋白質呢？以母乳為主食的嬰兒，可在母乳中添加母乳添加劑；不過，添加醣類及三酸甘油酯則不建議。以配方奶為主食的嬰兒，則可在配方奶中，添加醣類或三酸甘油酯。

已經以副食品當主食的幼兒，除提供一日三次營養均衡正餐外，再提供三次點心。用餐時把握先進食固體食物，再進食流質食物的原則，同時要減少含糖飲料及果汁的攝取。另外，可以藉著添加或單獨攝取蜂蜜、肉汁、奶油、乳酪、花生醬、酪梨及冰淇淋等食物來增加熱量。另外，添加補充多種維生素及礦物質時，宜謹慎並做好監測。

為了幫助消化吸收，已經以副食品當主食的幼兒，也要多喝水及一天攝取五份蔬果。循序漸進的多運動及適當日曬，也有助於骨骼肌肉發育，促進體重增加。

二、用餐的行為改善，創造快樂用餐氛圍

進食時避免讓孩子分心，宜鼓勵孩子嘗試多樣化食物；家長須創造一個快樂的用餐氛圍，避免因食物而處罰孩子或強迫所有食物都要吃完；全家最好都能一起用餐，並且家長要以身作則，示範健康的進食行為，例如用餐時不看電視、不玩手機等。

兒童營養功能醫學

幫助增加體重的營養素

適當地補充營養素，也可有效增加體重增加緩慢兒的體重！基因營養功能醫學療法在這方面，已有非常多的研究佐證，如果想另外補充營養素，可以視孩子狀況先考慮鋅、鐵、維生素 B_{12} 及益生菌，有助益的營養素羅列如下：

① 大規模隨機對照試驗的統合性分析指出：補充**鋅**可使瘦小兒童增加身高及體重[1]。

② 實驗證實：缺乏**鎂**會造成體重增加困難[2]。

③ 葷食的兒童生長較快[3]。

④ 如果孩子有貧血，補充**鐵**劑可以使增重速度加快及促進身心發展[4]。

⑤ 額外補充**維生素** $\mathbf{B_{12}}$ 可增加幼兒體重[5]。

⑥ **益生菌**有助兒童生長[6]。

效果見證 只要用對方法，體重增加其實很簡單

體重符合成長曲線圖，父母就可寬心照護

我把和怡的《兒童健康手冊》翻開，發現她的追趕性生長（catch-up growth）非常好：雖然出生只有一千五百公克，但是現在體重已經有八．二公斤（五十個百分位），身長六十六公分（約十五個百分位）；

不過在她十．四公斤重（約九十七個百分位），六十九公分長（五十個百分位）的姐姐旁邊，還是整整小了一號。

她副食品吃的不錯，發展也都符合里程碑。我安慰和怡的爸媽，請他們放寬心，不是和怡太瘦了，而是姐姐養得太好，以至於把和怡比了下去。請他們回去，就照目前的方式餵養就好。

導正偏食與便祕、補足多元營養素，明顯長胖了

克欣剛出生的身高、頭圍和體重，都在正常百分位；之後真的是身高成長的速度，明顯比體重增加速度來得快。現在的身高有九十一公分（八十五個百分位），但是體重卻只有十公斤（三個百分位），很明顯是一位體重增加緩慢兒童。

他過去並沒有特殊的慢性病病史，平日由媽媽一人專職照顧他，行為與發展也符合里程碑。身體檢查除了偏瘦外，基本上無任何異常。讓媽媽抱怨的是，他吃飯速度非常慢，需要一餐飯吃一、兩個鐘頭，甚至大人祭出家法在旁邊威嚇，才不情不願的把肉和一些飯吃下去。大

部分的蔬果他都排斥不吃，水也不愛喝，以至於嚴重便祕，甚至常常需要通腸。他目前還在用奶瓶喝配方奶，一天喝五次，為了補充營養，裡面還會加麥精。

1. **配方奶量調整，增加固體食物攝取：**首先配方奶建議由一天喝五次，慢慢減少成兩次，而且不加麥精，以免因奶量多，影響固體食物攝取。這個年紀的孩子，奶只是鈣質的來源之一，不應該還當作主食。

2. **適當運動有助增加進食及飲水：**我請媽媽一天至少抽出一個小時，帶他去家附近的小公園跑跑跳跳、玩溜滑梯、盪鞦韆等。同時要注意水分的補充，包含奶類、飲品及湯，一天至少要給他一千毫升的水量，視流汗量多寡再適度增加。如果玩餓了，可以在上下午給予適當的點心，且儘量在下一次正餐前二小時吃完。點心以低油、低糖又營養的健康點心為主，例如低糖豆漿、鮮奶、低糖優酪乳、低糖綠（紅）豆湯、低糖優格、低糖豆花、水煮玉米、蘋果、芭樂、地瓜、蘇打餅乾及雜糧麵包等，以免熱量攝取太多，影響正餐食慾。

3. **精準記錄飲食種類與重量，維持營養均衡：**接著我請家長開始記錄孩子的飲食，以便精確計算熱量及營養。目前已經有手機軟體，只要輸入食物種類及重量，就立刻換算成熱量及營養分布，使用上十分便利。精算下來，他目前的醣類和蛋白質攝取量稍低，蔬果類則嚴重不足。

4. **戒掉邊看3C邊吃飯的壞習慣，專心吃飯好消化：**為了要哄克欣吃東西，吃飯時，媽媽會固定開著平板讓他邊吃邊看。但是這容易造成他不是狼吞虎嚥吃得太急、就是拖拖拉拉、飯涼了都還沒吃完。重點是，邊吃邊看也會影響胃腸對食物的消化吸收，所以請家長一定要戒除他這個壞習慣。

5. **落實細嚼慢嚥，克服吞嚥恐懼：**克欣不愛吃蔬果，常常在吞嚥時，會有作嘔的現象。媽媽發現，問題出在他不喜歡嚼東西，常想要硬吞下去。我檢查他的上下排的第一大臼齒，發現早就長好了，所以不嚼就吞，和牙齒沒有關係。我請媽媽食物一定要煮得夠軟，另外也要切得夠小塊，並且規定克欣每一口食物，都要咀嚼二十下（請媽媽幫她數），才能吞下去。這樣做的結果，讓食物在吞下前都已經嚼爛，慢慢地，他對吞嚥食物，再也沒有困難及恐懼了。

6. **讓孩子愛上吃蔬果，改善便祕：**蔬果類是許多維生素及礦物質的重要來源，也可以減少便祕。我請媽媽把葉菜類剁碎，混合在其他食物中，咀嚼起來，沒有纖維的口感，比較不會排斥；胡蘿蔔及根莖類則切成可愛造型，順便和他喜歡的食物一起燉煮後，看不出讓他排斥的鮮艷顏色，又容易入口。

他喜歡番茄醬，就在蔬菜上面加一些番茄醬，以吸引他吃下排斥的蔬菜。還有就是幫他喜歡的食物取名字，再和他不愛的蔬菜拉關係、套交情，卸除他對蔬菜的心防。就這樣慢慢地，他堅決不入口的蔬菜種類，變得越來越少。

水果類剛開始用果汁，接著磨成果泥，後來則是切成小塊可愛造型；剛開始以他喜歡的少數水果開始，慢慢再來和不太喜歡的混和，最後再慢慢嘗試，加入其它種他較排斥的水果。就這樣慢慢達成一天攝取五份蔬果的最後目標！

7. 補充益生菌與鎂、鋅、鐵等營養素，睡眠品質變好：幫他補充益生菌，以及過渡期間補充食物纖維；改善了便祕，加上有足夠的運動，自然胃口也會變好。並且讓他吃酵素，幫助食物消化吸收。

幫他補充鎂離子，除了可改善便祕外，也讓他每晚睡眠品質都變好。

他的營養素檢測，發現鋅、鐵、維生素C、葉酸、β-胡蘿蔔素都是缺乏或不足，也另外幫他補充上述缺乏的維生素及礦物質。

六個月過去後，媽媽高興的和我說：克欣現在吃飯速度變快，胃口也好很多，奶量也減成一天只喝兩次純配方奶。大便呈現軟條狀，再也沒有因為便祕而需要通腸，甚至肛門裂開流血的情況了！

之前一歲到兩歲只長了一．五公斤，這次六個月就長了二公斤，連很久沒見到的外公外婆，都稱讚克欣長得不錯呢！

CH3

身材矮小

孩子，我要你長得比我高大

紀淳四年前，剛由雙親帶來我門診時，媽媽臉上溢於言表的焦慮，和爸爸滿不在乎的表情，兩人強烈的對照，讓我印象深刻。紀淳那時候十三歲了，身高卻只有一百四十公分，體重三十五公斤，看起來又瘦又小。他的爸爸身高一百七十公分，媽媽則有一百六十二公分。如果以他當時十三歲實際年齡，去推估成年身高，可能只有一百六十三公分左右；和用父母身高的遺傳身高（Mid-Parent Height）公式（見第六十五頁），所計算的預測成人身高一百七十一・五公分，有不小的差距，怪不得媽媽會那麼的焦慮！

英偉一出生就十分瘦小，也就是醫學上的低出生體重兒，所以雙親對他的身高體重，從出生後就一直特別的在意。大多數的低出生體重兒，在兩歲前會出現追趕性生長（catch-up-growth）現象，但是這一點在他身上，卻沒有出現：到了四歲，身高仍然只有九十五公分。他的爸爸身高一百七十五公分，媽媽則有一百五十九公分。如果以他當時四歲實際年齡去推估成年身高，可能只有一百五十七．五公分左右。和用父母身高的遺傳身高公式，所計算的預測成人身高一百七十二．五公分，有巨大的差距，讓雙親都十分擔心。

病情分析一　成長的正常變異

身材矮小（Short stature）在醫學上的定義為：身高在同齡、同性別及同種族的孩子裡，處於平均數的兩個標準差以下；意即二•三個百分位以下。身材矮小可能是成長的正常變異（Normal variants of

Growth），或是因疾病所引起。

所謂的成長的正常變異，包含家族性身材矮小（Familial short stature）、成長及青春期體質性延遲（Constitutional delay of growth and puberty）、特發性矮小症（Idiopathic short stature）及低出生體重兒（Small for gestational age）等四種原因。

一、家族性身材矮小

家族性身材矮小，簡單來說，就是從雙親遺傳到矮的基因，所以成人時也矮。孩子的特徵有：爸爸媽媽其中之一或皆為矮小、但雙親的青春期都在正常時間；孩子出生時身長正常或稍低、出生後成長速度低於正常、骨齡（bone age）正常（見七十三頁）、青春期在正常時間開始、青春期成長速度慢、孩子成人時身高矮小、孩子的身高會在預期的遺傳身高範圍內（見左頁遺傳身高公式）。

二、成長及青春期體質性延遲

成長及青春期體質性延遲的孩子，兒童時期矮，但是到成人時身高會在正常範圍。判斷這樣的孩子特徵則是：爸爸媽媽皆為一般身高、雙親的青春期常延遲出現；孩子出生身長正常、出生後成長速度緩慢、骨齡落後、身高符合骨齡但不符合實際年齡（chronological age）、青春期延遲出現、青春期成長激進期（growth spurts）較慢出現、青春期成長速度稍減少、成人身高在正常範圍內。

家族性身材矮小和成長及青春期體質性延遲，簡單比較如下頁表格。

三、特發性矮小症

特發性矮小症是指，在找不到任何原因解釋下，身高在同齡及同性別的孩子裡，處於平均數的兩個標準差以下。下此診斷前，要先排除所有其他可能造成身材矮小的原因！孩子的身高會低於預期的遺傳身高，而且骨齡沒有落後。

遺傳身高公式：

男生＝（爸爸身高＋媽媽身高＋ 11）/2（±7.5 公分）

女生＝（爸爸身高＋媽媽身高－ 11）/2（±6 公分）

家族性身材矮小 V.S. 成長及青春期體質性延遲比較

特徵	家族性身材矮小	成長及青春期體質性延遲
雙親身高	父母之一或都為矮小	父母皆為一般身高
雙親的青春期	都在正常時間	常延遲出現
孩子出生身長	正常或低於正常	正常
0 至 2 歲成長速度	正常或低於正常	從嬰兒中期開始緩慢
2 歲至青春期成長速度	正常或低於正常	緩慢
骨齡	正常	落後
青春期	正常時間出現	延遲出現
青春期成長速度	低於正常	成長激進期（growth spurts）較慢出現，成長速度稍減少
成人身高	矮小	正常

四、低出生體重兒

低出生體重兒的定義是指，一出生身高體重就比同齡兒童小。大多數低出生體重兒在兩歲前會出現追趕性生長現象，使得身高能高於平均數的兩個標準差以下。但是約有十％的低出生體重兒，無法出現足夠的追趕性生長。這樣的孩子骨齡正常，且兩歲後成長速度正常。

病情分析二 疾病引起的身材矮小

除了成長的正常變異外，也可能是疾病引起的身材矮小，原因就非常多樣，可大致分為四大類：嚴重全身性疾病（Systemic disorders）、內分泌疾病（Endocrine disorders）、遺傳性疾病（Genetic diseases）及骨骼發育不良（Skeletal dysplasias）。

一、嚴重全身性疾病

幾乎任何嚴重的急或慢性全身性疾病，都會有造成兒童身材矮小的旁效應。此類孩子通常骨齡有落後現象，成長速度也慢。可能原因有：因為生病造成的能量需求增加、胃口變差或消化吸收變差；另外疾病治療本身，例如類固醇、癌症使用的放療或化療等，也會造成身材矮小；某些疾病可能因為造成內分泌失調，而使得身材矮小。

常見會造成身材矮小的疾病有克隆氏症（Crohn's disease）、幼年型特發性關節炎（Juvenile idiopathic arthritis）、慢性腎臟病（chronic kidney disease）、癌症、氣喘、嚴重心臟病、嚴重複合型免疫缺乏症（severe combined immunodeficiency）、愛滋病、第一型糖尿病、佝僂病（Rickets）、營養不良及類固醇治療等。

二、內分泌疾病

內分泌疾病也會造成身材矮小，病例數相對不多，但都是可以治療的。此類孩子一大特徵是：在相同身高下，體重較同儕重！此外，骨齡有落後現象，成長速度也越來越慢。例外的是，性早熟孩子卻是骨齡超前，成長速度起初快，但是早期就停止生長！

常見者有分泌促腎上腺皮質激素（Adrenocorticotropic hormone）的腦下垂體腺瘤、腎上腺腺瘤、甲狀腺機能低下症（Hypothyroidism）、甲狀腺機能亢進症（Hyperthyroidism）、顱咽管瘤（Craniopharyngioma）、生長激素缺乏、先天性生長激素不敏感、中樞性性早熟及周邊性性早熟等。

三、遺傳性疾病

若是遺傳性疾病造成的身材矮小，此類孩子骨齡為正常，成長速度慢。包括唐氏症、透納氏症候群（Turner syndrome）、SHOX基因突變（SHOX mutations）、普瑞德威利症候群（俗稱小胖威利症，Prader-Willi syndrome）、努南氏症候群（Noonan syndrome）及羅素－西弗氏症（Russell-Silver Syndrome）等。

四、骨骼發育不良

骨骼發育不良當然會造成身材矮小，此類孩子骨齡大多為正常，成長速度慢，病因是軟骨或骨骼發育異常，通常是遺傳的。有些病會造成四肢比例偏短，有些則相反。除身材矮小外，還可能造成骨骼變形、反覆骨折或異常骨骼X光片檢查結果。常見者有 **Léri-Weill** 軟骨骨生成障礙綜合症（**Léri-Weill dyschondrosteosis**）、季肋發育不全（**Hypochondroplasia**）、軟骨發育不全症（俗稱侏儒症，**Achondroplasia**）、成骨不全症（俗稱玻璃娃娃，**Osteogenesis Imperfecta**）等。

孩子到底會長多高？

每個父母親的內心深處，總是盼望，孩子將來身高能高人一等！就算無法長的和大樹一樣，最起碼，不要太矮小。兒童為何會長高？為何有人較高？有人較矮？這些問題是自古一直神祕難解的謎團。

一個兒童為何會長高，其實取決於骨骼生長板（Growth plate）中，軟骨細胞的增殖與老化的平衡。然而，許多機轉都會影響此一平衡，最後造成各人有不同的身高。

目前已知的諸如：生長激素、胰島素樣生長因子1、雄性激素、甲狀腺素、類固醇、雌激素、促炎性細胞因子、纖維母細胞生長因子、骨塑型蛋白、副甲狀腺荷爾蒙相關蛋白、膠原蛋白、蛋白聚醣、軟骨細胞轉錄因子（包含SHOX基因突變）等，都參予此複雜的過程。

但是，在現階段的醫學只對因疾病所引起的身材矮小了解比較多。而一個普通孩子會長多高，人類到目前為止，知道詳細背後機轉原因的基因變異者，反而並不多。

診斷工具

身材矮小有客觀的量測標準

評估一個身材矮小的兒童，首要目標是辨認出來是否是因疾病所引起；接著，要判定其嚴重度及成長軌跡，以決定如何介入。

實際步驟是要先確定是否真的是身材矮小，接著根據《兒童健康手冊》上的生長曲線圖記錄做判讀，以計算過去的成長速度。成長速度如果緩慢，必須做骨齡檢測。下一步再根據雙親的身高，以遺傳身高公式去預測孩子的成人身高。如果有異常病史或症狀，則要安排實驗室檢查，以排除疾病所引起的身材矮小。

如果身高在同齡及同性別的孩子裡，處於平均數的兩個標準差以下（意即二・三個百分位以下），那就確定是身材矮小，需做進一步評估。但如果稍高於二・三個百分位以下，但是生長百分位一直在退步、外觀異常、有全身性疾病現象、或是雙親身高都非常高，那也需要做進一步評估。

一、成長速度遲緩指標

成長速度是否遲緩，端看兩項指標：

1. **以身高曲線圖來看**：身高曲線圖下降的幅度超過兩個曲線區間（例如從五十百分位掉到十百分位以下）

2. **以年齡來看**：兩歲到四歲每年成長低於五．五公分；四歲到六歲每年成長低於五公分；八歲到青春期開始：

—男生每年成長低於四公分

—女生每年成長低於四．五公分

二、骨齡

骨齡是以左手掌與手腕部X光片，做為判讀依據。方法是以X光片上的骨骼狀態、成長程度及骨生長板癒合程度等條件，來推算骨骼目前的年齡。

骨齡除了可用來推測成人的預測身高外，還可用來鑑別診斷身材矮小的原因，例如身材矮小又骨齡落後，可能原因有成長及青春期體質性延遲、全身性疾病、營養不良、性早熟除外的內分泌疾病、生長激素缺乏；另外，身材矮小但骨齡正常，則有可能是家族性身材矮小、遺傳性疾病、骨骼發育不良、特發性矮小症；如果當骨齡超前，則需考慮性早熟、甲狀腺機能亢進症。

三、成人的預測身高

根據雙親的身高，以遺傳身高公式（見第六十五頁），先去推算孩子的成人身高。然後再以現有身高百分位（限兩歲以上），去推測孩子成人後的預測身高（Projected height）。但如果孩子骨齡落後或超前，則以骨齡代表實際年齡去推測。如果預測身高，低於根據遺傳身高公式計算結果的兩個標準差以下（男生約七．五公分，女生約六公分），則表示確實偏矮。

四、病史及身體檢查

要找出身材矮小的診斷，除了上述身高的評估外，病史及身體檢查也可提供重要資訊。例如有無長期腹瀉、便祕、食慾減退、腹痛、氣喘、反覆感染、關節腫痛、嗜睡、發展遲緩、長期使用藥物、體重過輕、口腔潰瘍、肥胖、臉部畸形、視乳頭水腫、甲狀腺腫大、蹼狀頸、盾狀胸、水牛肩、肘外翻、X形腿、手腕馬德隆畸形症（Madelung deformity）、矮壯身材、四肢過長或過短、三叉戟手（Trident hands）、皮膚萎縮、青春期提早或過晚。

五、實驗室檢查

大部分無症狀且生長速度正常的身材矮小兒童，只需接受骨齡檢查。如果身材特別矮小（處於平均數的二・五個標準差以下；意即零・六個百分位以下）、生長遲緩、有可疑的病史、身體檢查結果有需要釐清之處，則需安排進一步實驗室檢查，檢查項目包括全血細胞計數、發炎指數、電解質、肌酸酐、碳酸氫鹽、鈣、磷酸鹽、鹼性磷酸酶、白蛋白、甲狀腺刺激素、游離四碘甲狀腺素、胰島素樣生長因子-1、類胰島素生長因子結合蛋白-3、核型、早晨的黃體激素及濾泡刺激素。

若懷疑有全身性疾病、內分泌疾病、遺傳性疾病及骨骼發育不良，要再安排進一步相關檢查。在同時有成長速度慢、胰島素樣生長因子-1低、類胰島素生長因子結合蛋白-3低，加上骨齡落後時，需安排生長激素誘發試驗，以排除生長激素缺乏症。

六、影像檢查

若已證實生長激素缺乏，或有任何下視丘腦下垂體功能失調現象，則需安排腦部核磁共振影像檢查。

兒童醫學小教室

正常兒童成長速度，怎麼估算？

要知道成長速度是否緩慢，首先要了解正常兒童成長速度。

兒童身高的成長，並不是保持一定的速度的。大致來說，從出生到兩歲最快速；超過兩歲到青春期之前則逐年遞減；青春期則速度逐漸上升到達另一高峰，再逐漸下降到零，最後到達成人身高。

一個簡單的記憶方式為「五的法則」：出生到一歲長二十五公分；一歲到四歲每年長十公分；四歲到八歲每年長五公分；八歲到青春期開始，每年長五公分；青春期開始到青春期結束，每年長十到十五公分。

但是這裡要注意：女生青春期開始為十歲，男生為十二歲。但是有些女生甚至從八歲青春期開始，有些男生從十歲青春期開始。不過以上只是約略估計值，正常兒童的身高及成長速度，可和上述差異甚大！

病情診斷

孩子身材矮小的真正原因

幸好是成長及青春期體質性延遲的孩子

翻開紀淳的《兒童健康手冊》，以及國小國中的身高紀錄表，發現他出生身長正常，出生後成長速度卻都是緩慢；甚至最近幾年，每年長不到二．五公分。他的睪丸生殖器並未開始發育，陰毛也未長出，青春期算是稍延遲出現。幫他做了骨齡檢測，發覺他骨頭年齡，只有十歲而已，整整落後他的實際年齡三年！

以他的骨齡推算，如果沒有其他狀況，他的成年身高應該落在一百七十三公分左右。我向父母解釋這個好消息，這時候，一直老神在在的爸爸，才緩緩說出，他當年國小及國中都很矮，上了高中才一下子長高的往事。至此確定，紀淳是屬於預後很好的，也就是成長及青春期體質性延遲的孩子。

低出生體重兒合併輕微的生長激素缺乏

英偉一出生只有四十二公分，到了兩歲時，仍只有七十五公分，並沒有出現明顯的追趕性生長現象。之後生長速度都尚稱正常，但是還是一直比同學矮小。他的身體檢查其他部分都沒有問題，骨齡只比實際年齡小了一歲半。

事實上，在來我門診前，他已經在醫學中心做了許多檢查及評估，結論是：他是低出生體重兒，合併輕微的生長激素缺乏，但是卻達不到健保給付生長激素的標準。因為自費生長激素，一個療程少說幾十萬甚至上百萬以上的費用，對他們是一筆不小的負擔，所以希望我能給他們一些營養功能醫學的專業意見。

治療對策　不是疾病造成的身材矮小，也有應對之道

每個父母親的內心深處總是盼望：孩子將來身高能高人一等！就算無法長的和大樹一樣，最起碼，不要太矮小。這種期望與壓力，特別容易加諸於男孩子，畢竟大多數人，很難跳脫「身材矮小，對於未來社

會交際及職場競爭有不利影響」的這種迷思。

長不高的原因非常多，重點是：要先分辨是何原因引起，甚至是一些疾病狀態造成。如果是因為疾病造成長不高，則要根據不同的疾病，給予不同的治療，礙於篇幅有限，不在本篇討論範圍之內。下面討論內容，主要適用對象為一般兒童，以及成長的正常變異兒童，包含家族性身材矮小、成長及青春期體質性延遲、特發性矮小症及低出生體重兒。

整體療法 兒童長更高的十三項重點對策

雖然父母們都希望盡一切方法，幫助孩子長高；但實際上影響最大的，像是遺傳和體質這些部分，能改變得非常有限。事實上，最新研究顯示：在給予充足營養前提之下，一個正常孩子會長多高，將近八成是由基因所決定的！而且，到目前為止，人類對於為何會正常長高，其詳細背後機轉原因的基因變異知道的並不多[1]。

基因無法改變，聽起來讓人氣餒，這就如同遺傳身高公式中（見第六十五頁），父母親身高這兩項是無法改變的；不過，還是有許多我們能做得到的部分，可以幫助孩子長高，就如同公式中，男生±七．五公分，而女生±六公分的部分，是可以變化的範圍。也就是說，如果下列十三項囊括生活上的飲食及作息等細節能遵循，男生有機會再增加七．五公分，而女生有機會再增加六公分；但是反之亦然！

一、充足睡眠是身高發展關鍵

一個孩子會長高，主要是靠生長激素的作用。而人體分泌生長激素的時間，大約出現在晚上十點至隔日清晨三點之間。如果孩子能夠晚上睡足八個小時，且有足夠的熟睡期，則生長激素大致上會在睡眠的八小時內出現四～五次的分泌周期。如果生長激素能夠分泌的時間越多，當然也越容易長得高。所以擁有充足的睡眠，對於孩子的身高發展，是非常關鍵的影響因素！

充足睡眠也對其他影響身高的腦內激素有幫助，諸如甲狀腺素、性荷爾蒙等。功課太重、壓力、熬夜以及睡前玩3C產品，甚至是睡眠呼吸中止症[2]，都會影響睡眠的質與量，進而影響身高成長。

二、大塊肌肉運動激發生長激素持續分泌

美國「疾病控制與防範中心」（Centers for Disease Control and Prevention, CDC）認為，小孩和青少年每天至少須要六十分鐘或更多的運動量。運動本身和睡眠一樣，都可以激發生長激素的分泌；長期持續的運動，甚至會使得生長激素的分泌可長達二十四小時，量可達兩倍之多[3]！原則上，不論任何運動都有效果，而以大塊肌肉群運動較有效。

一般兒童睡眠總時數建議表

年齡	睡眠時數
0～4個月	16小時
4～12個月	12到16小時
1～2歲	11～14小時
3～5歲	10～13小時
6～12歲以上	9～12小時

我要強調的是：孩子要對此項運動有興趣，才能長期持之以恆。一般來說，像是慢跑、騎自行車、游泳、跳繩、打籃球等，都是不錯的運動。但是若從事有潛在高受傷機率的運動，例如直排輪、橄欖球等，一定要使用護具，以免造成生長板受傷，而影響成長。

三、曬太陽才能促進肌肉骨骼成長

維生素D是促進肌肉及骨骼成長的重要維生素。如果從食物已攝取到足夠維生素D，還必須經過皮膚被紫外線B照射後，才能轉化為活性維生素D_3。[4] 一般來說，一天曬十五分鐘就足夠，可同時在戶外運動時，一邊曬太陽。

另外，富含維生素D的食物有：沙丁魚、鮭魚、乳酪、蛋黃、黃豆、菇類及五穀類等，可多多攝取。

四、咖啡因藉由干擾孩子睡眠，而影響身高

傳統上認為，咖啡因飲料中的咖啡因本身，會對鈣質成骨不利，而

造成兒童長不高。但最新研究顯示：咖啡因本身並不會直接影響兒童身高；不過，咖啡因卻可能會藉由影響睡眠的質與量，導致生長激素分泌障礙，而影響兒童身高。所以，兒童及青少年須避免飲用茶類、機能飲料、咖啡及可樂等含咖啡因的飲料。

五、糖分會抑制生長激素分泌

研究顯示，只要攝取七十五克的糖（約相當於一杯八百毫升全糖珍珠奶茶的含糖量），就可以把原本可分泌十六．五毫單位／每升（mU／L）的生長激素，抑制到只剩下少於一．五毫單位／每升（mU／L）[5]！所以，原本運動後，身體會自然大量分泌生長激素；此時如果大量補充含糖飲料，就會抑制生長激素分泌，抵消了運動的成果。

另外，多餘糖分及油脂，會造成兒童肥胖；肥胖本身就易造成性早熟，使骨齡提早成熟，造成生長板提早關閉且停止生長！所以，少吃甜食、肥肉、雞皮及油炸食物等，對於長高很重要。

六、類固醇藥物會影響兒童身高

因為疾病使用口服類固醇，無庸置疑會造成兒童長不高！甚至是氣喘孩子，使用的極微量吸入性類固醇，也會造成成年身高減少一．二公分[6]。所以身材矮小兒童，若患有氣喘等慢性疾病時，一定要獲得良好控制，以儘量減少急性發作，以及需使用類固醇的次數。

七、謹慎使用轉骨方，當心副作用

許多轉骨方或調理身體的藥方，內含性激素（荷爾蒙）成分。如果在青春期之前服用，短期之內身高成長速度確實會增加；但是接著孩子就會出現性早熟跡象，最後反而可能使骨齡提早成熟，造成生長板提早關閉並且停止生長，不可不慎！

八、環境荷爾蒙（塑化劑）會造成性早熟、提早停止生長

塑化劑對於孩童最大的危害之一，是造成性早熟。性早熟如上所述，可能使生長板提早關閉，孩子接著就會停止生長。近年來，門診遇到

的性早熟孩子越來越多，而其中多數做了很多檢查，都找不到潛在原因，這時就要考慮檢測血中塑化劑。

塑化劑通常會添加在食品和飲料的包裝材料、塑膠玩具、醫療器材及耗材、香水、髮膠、化妝品、建材、建築塗料、木材防護漆、伸縮管、電線電纜絕緣層、潤滑劑、洗髮精及沐浴乳等，可說是無所不在，而防不勝防！

九、攝取足夠熱量，供應成長代謝需求

兒童攝取食物，食物中的醣類、脂肪和蛋白質轉化成熱量後，用以維持心跳、血壓、體溫等基本代謝需求。另外，活動、上學、跑跳等也都需要熱量。若還有熱量，則拿來長高，再多出的熱量則轉化為脂肪組織。所以兒童熱量不足，首先表現的就是過瘦；持續長期熱量不足，就會長不高！

我們經過戰亂的上一代長輩，普遍身高不高，絕大多數就是因為這

個原因。還好目前的台灣家庭，除非極度貧困，基本上已無熱量不足問題。相同的道理，肥胖兒童，若是不當的節食，也容易影響生長發育，須尋求專業協助。

十、攝取足夠優質蛋白質，供應肌肉和骨骼成長

身體成長需要攝取大量優質蛋白質，才能提供素材製造肌肉及骨骼。兒童及青少年的蛋白質攝取量，建議為：體重（公斤）×一．二～一．四（克）。例如孩子的體重為二十五公斤，每日約需要三十～三十五公克的蛋白質，其中三分之二（約二十～二十三公克）建議攝取蛋、乳製品、魚、瘦肉等優質蛋白質。

所謂「優質蛋白質」，意謂包含九種必需胺基酸的蛋白質。這九種必需胺基酸包括：異白胺酸、白胺酸、離胺酸、甲硫胺酸、苯丙胺酸、

一般兒童攝取熱量建議表

年齡	建議熱量
1～3歲	每天1,000～1,300大卡
4～6歲	每天1,300～1,700大卡
7～9歲	每天1,650～2,100大卡
10～12歲	每天1,950～2,350大卡
13～19歲	每天1,900～3,000大卡

蘇胺酸、色胺酸、纈胺酸和組胺酸。瘦肉、肝臟、雞蛋、魚、奶類等含有完整九種必需胺基酸，這些所謂的完全蛋白質食物，才能提供優質蛋白質。

如果為素食者，則建議在五穀雜糧外，多攝取黃豆製品或其他豆類食品，才能藉由互補，攝取到較為均衡的完全蛋白質來源。二〇一六年針對非洲馬拉威兒童的研究顯示，長不高的兒童，血中必需胺基酸會較低[7]。

十一、攝取足夠鈣質，幫助骨骼成長及生理機能正常運作

鈣質是構成骨骼中礦物質的主要成分，另外在免疫、神經、循環、消化、內分泌等系統，鈣質也肩負著重要的生理機能。二〇一七年一篇長期追蹤的研究顯示，兒童若每天攝取鈣質少於三百毫克，則成人身高一定偏矮[8]！

高鈣的食物有奶類、小魚干、蝦米、豆腐、深綠色蔬菜及黑芝麻等。至於坊間盛傳的補鈣聖品大骨湯，研究顯示鈣質濃度為每毫升十六微克，換算成每碗（二百四十毫升），僅含有三・八四毫克的鈣質，約是

同樣重量牛奶的百分之一．六，所以並不是理想的鈣質補充來源！

值得注意的是，鈣的吸收率和攝取量呈反比！也就是說，不要一天所需的鈣一次補齊，最好是每餐都有攝取到適量鈣質，這樣身體才會穩定吸收，也是比較有效的補鈣方法。兒童每日鈣建議攝取量，見下頁表格。

十二、攝取足夠維生素及礦物質，促進成長和發育

身體成長，除了需要醣類、蛋白質等巨量營養素；維生素及礦物質等微量營養素，彼此的協同作用也不可或缺[9]！維生素及礦物質存在於各式穀物、肉、蛋、奶類、海產、堅果及蔬菜水果中，所以均衡不偏食，才能完整攝取足夠的維生素及礦物質。

維生素B_{12}主要存在動物性食物中，對於全素食的兒童，應特別注意維生素B_{12}的額外補充。富含維生素B_{12}的素食食物，如紫菜、紅毛苔及海苔等。市面上也有強化維生素B_{12}的營養酵母、植物奶或穀片等食物，或者另外服用維生素B_{12}補充劑。

十三、生長激素注射，通常費時數年

如果上述條件都做到了，怎麼努力都還是看不到成果；而且，預測成人身高不符家長期望值，可再依照孩童的個人狀況，給予進一步討論與治療。

生長激素售價高昂，目前健保只給付於有下列疾病的兒童：生長激素缺乏症、透納氏症候群、普瑞德威利氏症候群及SHOX基因突變。除要符合上述疾病外，還訂有限定條件；就算是上述疾病，但不符條件的兒童也不給付。

此外，台灣目前生長激素需要每天注射，療程耗時數年，對醫囑性不佳的青少年

台灣兒童每日鈣建議攝取量

年齡	鈣（毫克；mg）
0～6月	300
7～12月	400
1～3歲	500
4～6歲	600
7～9歲	800
10～12歲	1,000
13～15歲	1,200
16～18歲	1,200

資料來源：台灣兒科醫學會建議兒童鈣攝取量

來說，是一種挑戰。而每個兒童對生長激素注射治療效果，也不盡相同。根據醫學臨床實證，以下這三類兒童對生長激素注射效果較好：開始注射時年紀較小、骨齡落後實際年齡較多及生長激素缺乏較嚴重。

原則上，使用時間越長，長高公分數會越多；但是，隨著孩子接近成人身高及體重，所需劑量會越高，花費也越多。注射生長激素基本上很安全，常見的副作用為肌肉痠痛。少數人可能會頭痛，多休息及按摩就可以改善；若嚴重則先降低劑量再觀察。

有助增加身高的營養素

眾所周知，維生素及礦物質等微量營養素是長高長壯不可或缺的營養素，此外，對增加身高有加分作用的營養素還有很多，如果想另外補充，可以視孩子狀況先考慮鋅、鐵、ω-3 脂肪酸及益生菌，有助益的營養素羅列如下：

① 添加**鋅**可以幫助生長遲緩兒的追趕性生長[10]。

② **精胺酸**可讓一般兒童生長激素分泌增加，而使兒童長高[11]。

③身材矮小兒童，體內**鐵**及**鋅**常不足[12]。

④體內**膽鹼**不足的兒童，常長不高[13]。

⑤**益生菌**可以促進兒童生長[14]。

⑥體內ω－3**脂肪酸**含量高的兒童，身高較高[15]。

⑦補充**維生素**B_{12}，可以幫助長高[16]。

⑧**黃耆**（Astragalus membranaceus）可藉由增加胰島素樣生長因子－1，而使較矮兒童長高[17]。

⑨**褪黑激素**可藉由抑制體抑素（somatostatin），而使得生長激素分泌增加[18]。

⑩補充**麩醯胺酸**可增加生長激素分泌[19]。

⑪服用**甘氨酸**可增加生長激素分泌[20]。

⑫口服**肌酸**，可增加生長激素分泌[21]。

⑬成長及青春期體質性延遲兒童，體內**維生素A**過低[22]。

掌握 13 項對策，孩子長高高！

- 適度運動
- 睡眠充足
- 適度曬太陽
- 避免含咖啡因飲料
- 減少糖分及多餘油脂攝取
- 減少類固醇使用
- 謹慎使用轉骨方
- 避免環境荷爾蒙
- 攝取足夠熱量
- 攝取足夠優質蛋白質
- 攝取足夠鈣質
- 攝取足夠維生素及礦物質
- 生長激素注射

效果見證

改變生活及飲食型態是長高的根本之道

四年後，自律男孩長到一百七十八公分

紀淳的媽媽，聽到他成年身高將落在一百七十三公分左右，而不是一百六十三公分，臉上明顯有如釋重負的表情！但她還是希望，孩子能長得比爸爸更高一些。我仔細問了紀淳的作息，發現他平日胃口不錯，喜歡喝鮮奶，也非常喜歡運動；但是有一些生活細節，可能會影響身高，就是因為玩手機而太晚睡覺，及愛喝甜飲料。

我請爸媽幫他手機下載管理軟體，控制使用時間，尤其是禁止在睡前兩小時玩手機，以免影響睡眠。爸媽也以身作則，把甜飲料戒了；加上紀淳本身年紀大了，也有想要長更高的動機，每次運動完，就改喝白開水。最近一次來我門診定期追蹤時，十七歲的他，居然已經長到一百七十八公分了！

先從改善便祕及食慾下手，男童每年有機會再長四公分

我安慰英偉的爸爸媽媽，注射生長激素絕對不是孩子能長高的唯一選擇。不妨先從改變生活及飲食型態做起，如果實在改善有限，再來考慮注射生長激素，並仔細檢視他的日常生活。

他平時就有偏食挑食的毛病，加上又有便祕的問題，導致食慾更差。在心理方面，請爸爸媽媽先放寬心，不要過度關心甚至強迫他吃東西，以免他一到吃飯時間，就制約性的排斥食物，形成惡性循環。

1. **改善挑食**：實務作法上，我們可以改變餐桌上的氣氛，給孩子一個能開心和專心吃飯的環境，千萬不要邊看手機或電視邊吃飯；可以給孩子準備一些專屬的可愛餐具，吸引他期待吃飯時間，並願意留在餐桌；每一餐都要有一些他喜歡的食物，讓他進食能心情愉悅；此外，要讓食材及烹調方式多變化，需要時外食，以促進食慾。重點是，讓孩子自己決定要吃多少，別讓食物成為壓力來源！

他不愛吃蔬果，而蔬果類是許多維生素及礦物質的重要來源，也可

以減少便祕。我請媽媽把葉菜類剁碎，混合在其他食物中，咀嚼起來，沒有纖維的口感，比較不會排斥；胡蘿蔔及根莖類則切成可愛造型，順便和他喜歡的食物一起燉煮後，看不出讓他排斥的鮮艷顏色，又容易入口。還有就是幫他喜歡的食物取名字，再和他不愛的蔬菜拉關係、套交情，卸除他對蔬菜的心防。就這樣慢慢地，他堅決不入口的蔬菜種類，變得越來越少。水果類則是切成小塊可愛造型，剛開始以他喜歡的少數水果開始，慢慢再來和不喜歡的混和，最後再慢慢嘗試，加入其它種他較排斥的。

2. **改善便祕、讓腸胃好消化：**補充益生菌及食物纖維，改善了便祕，自然胃口也會變好。並且讓他吃酵素，幫助食物消化吸收。有可能的話，每天都要吃到富含維生素D的食物：鯖魚、鮭魚、乳酪、蛋黃、黃豆、菇類及五穀類等。

3. **補鈣、補優質蛋白質：**以英偉四、五歲這個年紀，每日需攝取六百毫克的鈣，建議每日攝取一．五～二杯牛奶，或低糖優酪乳（一杯＝

二百四十毫升）。平日要多攝取深綠色蔬菜、堅果種子、豆腐、豆干及加鈣豆漿等。十四公斤的他，每日約需要十六．八～十九．六公克的蛋白質，其中三分之二（約十一．二～十三公克）建議攝取蛋、乳製品、魚、瘦肉等優質蛋白質。目前剛開始，胃口還不佳時，請他飲用易消化吸收的乳清蛋白胺基酸粉，每天補充優質蛋白中的必需胺基酸，提供成長所需。

4. **多運動且留意運動後的飲食內容：**請爸爸媽媽務必每天帶他去戶外至少運動一小時以上！但是，晚上睡前四小時內不宜運動，以免交感神經興奮影響睡眠。他喜歡騎腳踏車，運動就以腳踏車為主，這樣運動才能持之以恆。運動除了使他胃口大開，也會促進分泌生長激素。

運動完的點心，熱量別超過一百五十大卡，而且儘量在下一次正餐前二小時吃完。重點是從原來的奶茶、洋芋片及運動飲料，改成低油、低糖又營養的健康點心，例如低糖豆漿、鮮奶、低糖優酪乳、低糖綠（紅）豆湯、低糖優格、低糖豆花、水煮玉米、蘋果、芭樂、地瓜、蘇打餅乾及雜糧麵包等，以免熱量攝取太多，影響正餐食慾，並且避免高糖分造成的生長激素分泌降低！

5. **補充鎂離子：**我幫他補充鎂離子，除了可改善便祕外，也讓他每晚睡眠品質都變好；他以前常晚上翻來覆去，甚至坐起來大哭的情況都不再出現。有足夠的熟睡期，生長激素大致一個晚上會出現四至五次的分泌週期，當然也越容易長得高！

6. **補足鋅、鐵、Omega-3 脂肪酸等不足的營養素：**英偉的營養素檢測，發現鋅、鐵、Omega-3 脂肪酸都不足，也另外幫他補充。

英偉最近這兩年，每年約長四公分；但是經過以上的生活及飲食調理，這半年已經長了三公分，體重也增加了兩公斤，有了實際的成果，父母都很滿意，也不再像之前那樣憂心了。

看影片

想讓孩子高人一等，你做對了嗎？

多運動，運動後避免
高油、高糖飲食

補鈣、
補優質蛋白質

補足營養素

改善挑食
愛上蔬果

改善便祕
讓腸胃好消化

CH4

異位性皮膚炎

癢、癢、癢！孩子抓不停，甚至抓到破皮流血

季紋小時候，除了嬰兒腸絞痛外，全身皮膚乾燥粗糙；肥肥的小臉蛋和耳殼，更是一直紅通通，常常脫皮、流湯、發癢。她現在五歲了，除了全身皮膚仍然乾燥粗糙，發紅發癢的部位變成在肘前區及腿彎部出現，這情況有時甚至在手肘前端、腳踝及脖子也會出現。有點胖胖的她，在脖子兩側，還有脫屑及黑色素沉澱。

病情分析

環境和食物是誘發異位性皮膚炎的元兇

異位性皮膚炎（Atopic dermatitis）是一種造成皮膚慢性發炎發癢的

疾病，最常好發在兒童，成人患者也有。在醫學上，異位性皮膚炎確定是由於患者被環境或食物的過敏原致敏化（sensitization）所引起。

異位性皮膚炎通常會合併血液中免疫球蛋白E（IgE）上升以及個人或家族異位性體質病史。所謂的異位性體質包含俗稱的過敏三兄弟：異位性皮膚炎、氣喘及過敏性鼻炎。

異位性皮膚炎又有一個別稱：濕疹（eczema）。據統計約五～二十％的兒童為此所苦，而且比率逐年上升。大多數孩子在五歲前發病，女生略多於男生。

異位性皮膚炎特徵是乾燥與發癢

異位性皮膚炎主要症狀就是皮膚乾燥及發癢。急性發作時期（Acute eczema）時，出現泛紅丘疹及水疱，伴隨搔抓出現的滲液及痂皮。亞急性及慢性時期，皮膚呈現乾燥、鱗屑或搔抓後的紅丘疹。隨時間進展，皮膚呈現因慢性搔抓造成的皮膚粗厚龜裂（即苔蘚化，

lichenification）。值得注意的是，同一位病患身上，可能同時並存急慢不同時期的皮膚病變。

大多數孩子，會因特定食物、吸入過敏原、溫濕度改變、感染，甚至心理壓力，造成急性發病。

年齡不同異位性皮膚炎好發位置也有不同

據統計，六十%的孩子在一歲前發病，五歲前幾乎八十五%的孩子已出現症狀。最特殊的一點是，不同年紀好發的部位及特徵都不盡相同。

新生兒至兩歲的孩子，易在臉頰、頭皮、耳殼及四肢伸肌表面，出現紅色搔癢，合併滲液、脫屑及痂皮的病變，通常尿布區域皮膚反而正常。

兩歲至十六歲的孩子，滲液現象減少，代之以在肘前區及腿彎部出現苔蘚化斑塊，甚至在手肘前端、腳踝及脖子也會出現。尤其在脖子兩側，會出現特殊的脫屑及網狀色素沉澱！

成人則表現為更局部的苔蘚化斑塊，分布在肘前區、腿彎部、脖子及臉。

異位性皮膚炎的預後

輕度的病患，皮膚狀況好好壞壞，會自行進入緩解期；中至重度的病患則一定需要治療，才能進入緩解期。值得慶幸的是，兒童期的病患，只有二十％屬於比較嚴重的病患，才會持續到成年期。

病情診斷

基因、免疫失調、過敏，讓部分異位性皮膚炎難以治癒

在臨床診斷上，先決條件是有皮膚發癢，其次是以下五種條件出現三種或三種以上：

1. 以下部分曾被影響：肘前區、脖子、眼睛周圍、足踝前、及腿彎部。

2. 之前有過氣喘或過敏性鼻炎。

3. 過去曾有過全身皮膚乾燥。

4. 兩歲前症狀出現。

5. 肘前區、脖子及腿彎部有皮膚炎。

在醫學上已經知道，高達八十%的異位性皮膚炎患者血中免疫球蛋白E上升，常伴隨有嗜酸性球（代表過敏的白血球）升高。雖然免疫球蛋白E會隨疾病嚴重度增加而上升，但是偶爾可見嚴重患者免疫球蛋白E濃度卻是正常。

近年來醫學研究更發現，異位性皮膚炎最重要的致病原因是絲聚蛋白（filaggrin）基因的突變，導致皮膚角質層功能缺損，皮膚的保濕度下降，進而導致嬰兒時期就開始出現皮膚乾燥與皮膚炎，之後再由於免疫失調與過敏原致敏化，導致症狀長期反覆發生。

整體療法

面面俱到讓皮膚不再發癢

兒童對異位性皮膚炎的治療目標在於減緩發癢不適、防止急性發作及減少治療風險。治療策略首重保濕及局部藥膏治療，嚴重的話考慮光療或口服藥物治療。

一、平日照護，黏稠的乳液比含水量高的乳液佳

平日照護異位性皮膚炎，要採取多管齊下的方式，包含：減少惡化因子、恢復皮膚屏障、皮膚保濕及皮膚發炎時的藥物治療。

會破壞孩子皮膚屏障的惡化因子包括：洗太多次澡、不透氣的衣物、環境濕度太低、情緒壓力、皮膚乾燥、洗澡水過熱、食物及吸入的過敏原，還有接觸的過敏原。

要維持皮膚，保濕要做到洗完澡或洗手後，趁皮膚未乾燥前，就趕快塗一層黏稠的潤膚乳液（cream）或凡士林，才能保濕，而且一天至少塗抹兩次。切記，清爽含水量高的潤膚乳液（lotion）反而會越擦越乾燥，不可不慎！

此外，洗澡水不可以過熱！此外可能的話，儘量只用清水沐浴，不要用肥皂。另外就是要止癢，以避免孩子因忍不住搔抓造成感染及破壞皮膚屏障，所形成的惡性循環。

二、藥物治療，同時搭配黏稠的乳液

藥物治療方面，輕中度症狀，首選藥物是塗抹低效價類固醇，一天一到兩次，持續兩到四週。效果不佳則改為中高效價類固醇。以上都要同時搭配黏稠的潤膚乳液（cream）使用，一天數次。

一般建議，避免在臉部、會陰部、生殖器部位，與對磨部位如腋下、跨下等處，使用高效價的類固醇。重點是：如果異位性皮膚炎已經改善，塗抹次數應儘量減至最低次數，以及改回較弱效的類固醇，以免引起血管擴張、紫斑、痤瘡、毛囊炎、皮膚萎縮及皮膚變薄的可能副作用。或者改用吡美莫司（pimecrolimus），它是一種鈣調磷酸酶抑制劑（calcineurin inhibitors），它本身不是類固醇類藥物，無類固醇類藥物的副作用。但是二〇〇六年美國食品藥品監督管理局（U.S. Food and Drug Administration, FDA）警告此藥可能和癌症有相關，建議當成二線治療用藥膏。

重度異位性皮膚炎，藥膏治療效果通常不好，除了一樣要注意保濕等日常生活注意事項之外，可考慮紫外線B照光治療及口服免疫抑制劑治療，但小小孩這兩種方式並不建議。此外，近年還有濕敷療法（Wet Wrap therapy）及皮下注射單株抗體藥物（杜避炎，dupilumab）的治療方式。

兒童營養功能醫學

異位性皮膚炎不開藥的處方箋

在營養功能醫學方面，如果想另外補充營養素，可以視孩子狀況先考慮維生素D、鋅、ω-3脂肪酸、維生素C及益生菌，有助益的營養素羅列如下：

① 近年來的基因營養功能醫學研究方面，已有多篇統合分析研究顯示：**益生菌對於預防異位性皮膚炎上，有一定的角色**[1,2,3]。

② 某些實驗也顯示：**魚油可能可以藉由調整免疫細胞而改善異位性皮膚炎症狀**[4,5]。

③數份研究報告也顯示：每天補充**維生素D**，可減少異位性皮膚炎在冬天急性發作[5][6][7]。

④臨床研究發現：異位性皮膚炎病患普遍有**鋅**不足的現象[9]。

⑤異位性皮膚炎病患普遍有**類胡蘿蔔素**（carotenoid）及**類視色素**（retinoid）不足的現象[10]。

⑥如果每天給予四百國際單位（IU）**維生素E**，可改善異位性皮膚炎[11]。

⑦兒童**維生素D**缺乏程度，和異位性皮膚炎嚴重度有相關性[12]。

⑧**維生素C**缺乏，會造成神經醯胺（Ceramide）減少，而進一步惡化異位性皮膚炎[13]。

⑨含**維生素**B_{12}的藥膏，可減少一氧化氮（NO）生成，而減少異位性皮膚炎患者紅癢的症狀[14]。

⑩實驗證明：塗抹**水飛薊素**，可以改善異位性皮膚炎[15]。

⑪實驗證實：**白藜蘆醇**減緩發炎，可以改善異位性皮膚炎症狀[16]。

⑫**槲皮素**也被證明可以改善異位性皮膚炎[17]。

⑬**齊墩果酸**藉由抑制細胞激素（cytokine），而改善異位性皮膚炎[18]。

⑭含**菸鹼醯胺**的乳液，可以大幅增加保濕效果，減緩異位性皮膚炎乾燥症狀[19]。

⑮異位性皮膚炎孩子體內成分分析，發現**鈣**、**鎂**、**銅**、**鋅**、**磷**較低及重金屬鉛、鎘、砷偏高[20]。

⑯異位性皮膚炎孩子睡眠品質會被嚴重影響，而補充**褪黑激素**可以改善[21]。

⑰補充**β-胡蘿蔔素**及**茄紅素**，可減緩異位性皮膚炎[22]。

⑱**γ次亞麻油酸**，可改善異位性皮膚炎症狀[23]。

⑲補充**L-組氨酸**可幫助異位性皮膚炎患者皮膚保濕[24]。

⑳含**甘草**（licorice）凝膠局部塗抹，可有效治療異位性皮膚炎[25]。

㉑實驗證實：補充**麩胺酸**，可減緩異位性皮膚炎[26]。

㉒實驗證實：**葡萄糖胺**的免疫抑制作用，可減緩異位性皮膚炎症狀[27]。

㉓**人蔘**可藉由抑制細胞激素分泌，而改善異位性皮膚炎[28]。

㉔**脫氫表雄酮**（Dehydroepiandrosterone, DHEA），也可藉由抑制細胞激素分泌，而改善異位性皮膚炎[29]。

㉕實驗證實：**類黃酮**可以改善異位性皮膚炎[30]。

效果見證 發癢面積大幅減少，好睡精神好且重獲友誼

季紋的父母親，不意外也有過敏體質。還好季紋並沒有合併氣喘，過敏性鼻炎症狀也非常輕微。

她目前最大的困擾就是癢！癢除了造成晚上睡眠品質很差，白天常常打瞌睡和注意力不集中；搔抓的結果，每每造成皮膚有傷口，而發炎流湯，甚至有幾次惡化成蜂窩性組織炎需要住院治療！她的皮膚常有滲液、脫屑及痂皮，這造成季紋被其他孩子排斥，不願意和她一起玩。

她其實一直在擦皮膚科處方的藥膏，甚至因為全身面積超過三十％都被影響到，符合健保規定，所以從類固醇改成吡美莫司。不過擦了

之後，季紋表示會刺痛不舒服，便又改回類固醇藥膏。

季紋也一直在服用口服抗組織胺止癢，但是副作用是會整天無精打采想睡覺。皮膚科醫師建議給她改成服用免疫抑制劑，不過父母親擔心潛在副作用，並未給她服用。但是如果改成注射杜避炎，因不符健保規定，他們自費又負擔不起。

1. **發癢皮膚首重保濕，塗乳液、穿純棉衣褲：**我檢視季紋的生活，發現她因為胖而常流汗，媽媽常一天幫她洗兩次澡。我請媽媽還是改成一次，而且除非太髒，否則用清水洗就好；水溫不要超過三十七度，以免刺激皮膚。重點是，洗完澡後，趁皮膚未乾燥前，趕快塗一層黏稠的潤膚乳液，接著再塗上凡士林，如此才能保濕，而且一天至少塗抹兩次。

已經在發紅發癢的皮膚，則塗上藥膏後，再塗上凡士林；發紅發癢皮膚處，如果已經不再發紅發癢，則比照一般皮膚處理。保濕就是治療異位性皮膚炎的第一要務！

她的衣褲材質，有許多是聚酯纖維的，並不透氣，和皮膚摩擦後容易刺激發癢。我請媽媽改成純棉材質，便不再刺激皮膚了。

2. **減少過敏原與加強必要營養素並行：**幫她檢驗了過敏原，發現她對蝦蟹都有嚴重過敏。於是請父母親注意，不要讓她再吃到蝦蟹，以及有蝦蟹成分的食物。

營養素檢測結果發現她維生素D、ω-3脂肪酸、鋅、β-胡蘿蔔素及維生素C都不足，而給予補充。另外，也給她吃益生菌，以改善異位性皮膚炎。

三個月過去後，效果非常明顯：原本全身超過三十%的皮膚都發紅脫屑，現在已不到五%。因為已經不太癢，晚上睡眠品質非常好，所以白天有精神多了。目前口服抗組織胺，已減藥到睡前一次，擦的類固醇也改成最低效價（最弱）的。最開心的是，其他孩子不再因為她的外觀而排斥她了！

看影片

異位性皮膚炎生活習慣改善

避免過度清潔

穿純棉衣物

避免壓力

不洗過熱的水

避免過敏原

使用乳液

避免濕度太低

CH5

尿床

小孩已經上學了，為什麼還在尿床？

怎麼又尿床了？媽媽有點慍怒的瞪著維佑。十五歲的維佑雖面無表情，卻掩飾不住他眼神裡的尷尬和難為情。

尿床這件事，造成維佑自己多年來心裡非常巨大的陰影。而媽媽收拾善後的工作像是看不到盡頭，變得時常情緒失控及沮喪。

事實上，媽媽生氣時的叨念，還是對外表酷酷的維佑造成了心裡的焦慮，反而讓他更容易再度尿床。

病情分析

尿床會造成親子的壓力及困擾

尿床（nocturnal enuresis）可以大致分為原發性及繼發性兩種。八十％的孩子屬於原發性尿床，意思是從出生到目前為止，一直斷續有尿床的現象。其餘屬於繼發性尿床，定義是之前至少已經有六個月沒有尿床，然後才又出現。而維佑從小到現在，一直都有尿床的情況，顯然是屬於原發性尿床。

其實根據醫學統計顯示，到了五歲左右，只有十五％的孩子還會尿床，隨著年紀長大，尿床人口會逐漸減少。但是就算到了十五歲，仍有二％的孩子會尿床，而尿床男女比例約為二比一。當然，必須進一步評估，包含病史、身體檢查及尿液檢查三部分。

首先，病史重點包括，解尿順暢度、排尿有無疼痛或灼熱感、尿尿次數過多或過少、尿流粗細、是否須用力解尿、之前是否已至少六個月未尿床、尿床頻率、喝水量、有無持續滴尿現象、有無體重減輕情形、有無過度口渴、有無便祕、過去病史、家族史、有無精神壓力等。

其次，身體檢查則要注意有沒有成長不良、血壓、有無扁桃腺肥大、白天內褲是否會濕、肛門附近有無搔抓痕、腰薦椎有無外觀異常等等。

此外，透過尿液檢查可篩檢糖尿病、酮症酸中毒、尿崩症、蛋白尿、水中毒、隱性泌尿道感染等。

病情診斷

找出尿床根本原因，啟動整體治療

還好經過評估，維佑都沒有這些現象，而可以初步排除像是膀胱功能障礙、泌尿道感染、慢性腎病、後尿道瓣膜（Posterior Urethral Valves, PUV）、異位輸尿管、癲癇、糖尿病、尿崩症、脊柱裂、阻塞性睡眠呼吸暫停、蟯蟲、神經性口渴等嚴重問題。不過經仔細詢問，維佑確定有長期便祕，這問題顯然之前被維佑父母親忽視了。

長期便祕易造成膀胱過度敏感，使得孩子尿床很難治療。此外像是維佑的狀況，和大多數原發性尿床的孩子一樣，有可能是下列一至多個因素造成，像是中樞神經成熟較慢、遺傳傾向、夜間多尿、睡眠障礙、膀胱容積小、逼尿肌過度活躍等。

另外，根據研究顯示，尿床的孩子容易合併低自尊、自信不足、過動、行為問題及智能障礙等，所以積極的面對及處理尿床問題，是一項重要的議題。

整體療法

治療尿床的五項重點對策

一、衛教消除父母疑慮，孩子尿床別責備

一開始我和維佑的父母及維佑，先做一番詳細的懇談。並告知根據檢查結果，維佑的情況絕對有很大機會可以完全痊癒，請爸爸媽媽放輕鬆，也不要再因尿床問題而責備處罰他。但是萬一還是再尿床，要請維佑自行或協助媽媽收拾善後，養成他一個責任感。

此外，晚飯後嚴禁飲水及喝湯，當然也不能再喝高糖分飲料及咖啡因飲料，甚至連西瓜等水分多的水果，在晚餐後都要禁食，以免造成利

尿作用。每天飲水量保持四十：四十：二十的原則：亦即上、下午飲水量，各占四十%，傍晚五點後占二十%。

二、誘發治療動機，孩子主動積極配合

青少年算是兒科病人中，相當難治療的族群，最大原因是不易配合醫囑。據側面了解，維佑十分渴望暑假能夠參加學校舉辦的露營，這正好可以當作加強他積極參與治療的動機。原本他意興闌珊的不願意記錄每日尿床紀錄，及提醒自己白天固定規律排尿及睡前排尿，也因為有了這個動機，而變得主動積極配合。

三、治療長期便祕，降低膀胱敏感度

長期便祕易造成膀胱過度敏感，使得孩子尿床治療難度增加。我請維佑每天要攝取兩千毫升的水，以及每日至少攝取五份蔬果，此外也幫他補充益生菌，結果三周後讓他多年便祕情況完全改善。

四、尿床鬧鐘，有效改善尿床問題

尿床鬧鐘的原理，是讓貼在位於尿道開口附近內褲上的電極片，偵測到一點水氣，便會有警示聲音，把小孩叫醒去上廁所。這是目前實證醫學中，長期治療大孩子尿床問題，最有效的方式之一。

五、藥物治療，不要驟然停藥

抗利尿激素鼻噴劑可以有效短期治療尿床問題。爸爸媽媽之前有給維佑使用一段時間，效果不錯，不過後來就未使用。我建議他們，在這段過渡治療期，還是不要驟然停藥，以達最佳治療效果。另外，因為尿床嚴重，睡前吃的三環抗憂鬱劑，也還是要再繼續服用。

兒童營養功能醫學

尿床不開藥處方箋

①最新研究顯示，補充維生素D_3及ω-3脂肪酸可減少尿床次數[1]。而許多尿床兒童體內維生素B_{12}及葉酸較低[2]，維佑經檢測也是剛好如此。所以，我幫維佑另外補充維生素D_3、ω-3脂肪酸、維生素B_{12}及葉酸。

②此外晚上因常尿床，而睡不太好的維佑，補充褪黑激素改善了他的睡眠品質，且同時可作為有效的尿床輔助療法[3]。

效果見證

跟尿床說掰掰，順利參加人生第一場學校露營

這次維佑真心的全力積極配合，加上父母親對病情的了解及放寬心情，維佑充滿信心地參加了人生第一次學校舉辦的露營，當然也沒有出現漏氣的尿床現象。

平日也從幾乎每日尿床，進步到現在，已經三週未出現尿床。目前三環抗憂鬱劑已經停藥，而抗利尿激素鼻噴劑則在慢慢減藥中。

重點是，再也沒有尿床來衝擊父母和他的親子關係！維佑自己多年來，心裡非常巨大的陰影逐漸消失，尿床伴隨而來的低自尊及自信不足，也慢慢煙消雲散。

孩子總是尿床？解決尿床有方法

藥物療法

- 抗利尿激素
- 三環抗憂鬱劑

行為療法

- 尿床鬧鐘

誘發治療動機

孩子尿床別責備

調整喝水時間

- 白天多喝水
- 傍晚少喝水
- 睡前不喝水

預防便祕

- 每天喝 2000 毫升水
- 多吃青菜水果

CH6

過動症竟然是一種慢性疾病

注意力缺失與過動症

小華和延啟，雖然是不同時期來到我門診的小病人，他們的成長過程，卻驚人的相似：一樣從小就精力旺盛，每天就像陀螺一般到處跑個不停。上了幼稚園，常常在課堂上，像是逛大街般走來走去。

由於控制不住行為，他們會推擠、甚至拍打其他小朋友，成了師長眼中的頭痛人物。他們還是個小迷糊，常常忘東忘西。而且動作慢吞吞，從小吃一頓飯都要花好幾個小時。

上小學後，做事情總是粗心大意，還常遺失東西。每天寫作業到很晚都寫不完，上課總是恍神發呆，大人交代的事一下子就忘了。書桌上的東西堆積如山，今天唸的書明天就忘掉大半，爸媽怎麼教都沒用。

病情分析

過動兒可能是先天或後天因素造成

小華和延啟明顯是注意力缺失與過動症（Attention-deficit-hyperactivity disorder, ADHD）的患者，俗稱過動兒，這是兒童期最常見的神經行為疾患，造成疾病真正原因不明。目前一般認為可能是因額葉及基底核的多巴胺傳遞異常，導致的執行功能障礙。

究竟什麼是注意力缺失與過動症的症狀？目前過動兒的臨床診斷是根據第五版的精神疾病診斷與統計手冊（Diagnostic and Statistical Manual of Mental Disorders, DSM-V）。診斷標準分為兩大類型症狀：一為注意力不集中，一為過動及衝動行為。

一、注意力不集中的症狀

在注意力不集中（Inattention）症狀方面，有九種表現方式，分別為：

□ 1. 時常無法專注於細節的部分，或在做學校作業或其他的活動時，出現粗心的錯誤。

□ 2. 時常很難持續專注於工作或遊戲活動。

□ 3. 時常看起來好像沒有在聽別人正在對他說話的內容。

□ 4. 時常沒有辦法遵循指示，也無法完成學校作業或家事（並不是由於對立性行為或無法了解指示的內容）。

□ 5. 時常對於組織規劃工作及活動有困難。

□ 6. 時常逃避、或不願意、或不喜歡從事需要持續性動腦的工作（例如學校作業或是家庭作業）。

□ 7. 時常會弄丟工作上或活動所必需的東西（例如學校作業、鉛筆、書、工具或玩具）。

□8. 時常很容易受外在刺激影響而分心。
□9. 時常在日常生活中忘東忘西的。

二、過動／衝動性的症狀

而在過動／衝動性（Hyperactive-Impulsive）症狀方面，也有九種表現方式，分別為：

□1. 時常在座位上玩弄手腳或不好好坐著。
□2. 時常在教室或是其他必須持續坐著的場合，會任意離開座位。
□3. 時常在不適當的場合，亂跑或爬高爬低。
□4. 時常很難安靜地玩或參與休閒活動。
□5. 時常總是一直在動，或是像「被裝上馬達」般。
□6. 時常話很多。
□7. 時常在問題還沒問完前就急著回答。

□ 8. 時常在遊戲中或團體活動中，無法排隊或等待輪流參與。

□ 9. 時常打斷或干擾別人（例如插嘴或打斷別人的遊戲）。

三、明顯造成社交或學習障礙

如何診斷注意力缺失與過動症？根據上述症狀中，各出現大於或等於六項，相關症狀持續出現至少六個月，足以達到適應不良，而且造成與其應有的發展程度不相符合，再由醫師研判下診斷。

除此之外，過動／衝動或注意力不集中的症狀，必須在七歲以前就出現；而且，某些症狀在兩種情境（或更多）下出現，例如：學校、工作場所或家裡。尤其必須注意的是，注意力不集中或過動等這些症狀，必須有明顯證據造成社交、學習或就業的障礙。

診斷重點是，要先排除有失神性發作（absence seizure，癲癇的一種）、廣泛性發展障礙、精神分裂症等疾病或其他精神異常及情緒障礙（例如：情緒異常、焦慮、分離情緒異常、人格異常等）。

過動症的判別到目前仍是依據臨床診斷，尚無有效的實驗室或認知測試工具。一般說來，在評估過動症孩子時，除特殊情況外，並不需要例行性常規檢查。

然而，孩子可藉由病史及身體檢查初步判別，過動症症狀是否可能由甲狀腺功能亢進或低下、苯酮尿症、或鉛中毒引起；而且，一定要了解睡眠史，如果睡眠史疑有睡眠障礙，或有家族性睡眠障礙史，則需要安排睡眠檢查。

四、注意力缺失與過動症的種類

在醫學上，目前過動症可分三大類：

1. **注意力缺失型**（ADHD/I）：上述注意力不集中症狀中，出現大於或等於六項。
2. **過動及衝動型**（ADHD/HI）：上述過動／衝動性症狀中，出現大於或等於六項。

3. **混和型**（ADHD/C）：上述注意力不集中及過動／衝動性症狀中，都出現大於或等於六項。

病情診斷

找出過動症難治的根本原因

任何疾病，找到背後的原因很重要！唯有如此，才能不會頭痛醫頭、腳痛醫腳地採取症狀治療。雖然如此，許多複雜疾病，在現代醫學上，仍無法完全了解背後的真正原因，只能採取症狀治療的方式，醫師也很無奈。

真正造成注意力缺失與過動症的原因，醫學上尚未完全瞭解，不過一般認為可能是大腦額葉及基底核的多巴胺傳遞異常，造成的執行功能障礙。

目前推測，這種多巴胺傳遞異常，可能是由於大腦皮質的兒茶酚胺先天遺傳性的不平衡所導致；但是，也有越來越多的證據顯示，許多環境及營養因素也會導致這種不平衡，而目前醫學界也開始越來越注重這方面的輔助治療。

基因造成的兒茶酚胺先天遺傳性的不平衡，現在的科技還無法改變這種基因的異常；但是，環境及營養等因素，卻可以設法避免與改善。此外近年來，醫學界開始了解可藉著改變表觀遺傳學，也就是在不改變基因的前提之下，通過某些機制引起可遺傳的基因表達或細胞表現型的變化，有助於特定基因族群達成減緩症狀或甚至不發病！

簡單來說，就是基因雖無法改變，但是可透過環境及營養因素的改善，進而改變基因的表現！

看影片

家有過動兒，要不要治療？

門診中許多孩子被診斷為注意力缺失與過動症後，家長接下來會問我的第一個問題就是：要不要治療？

這個問題，我從過動症的預後來解析。相信身為家長的人都曾經遇過，身邊有些同事及朋友整天迷迷糊糊，好像脫線少一根筋。事實上據統計，有三分之一至三分之二的孩子，注意力缺失與過動的症狀會持續到成年期以後，也就是說不排除這些人是沒被發現的過動成年人。

根據醫學實證，初始症狀越嚴重的孩子，症狀持續進入成年期的機會越高，但是早期介入並給予有效的治療，會使症狀持續到成年期的可能性降低。

除此之外，治療比不治療還有哪些好處呢？首先是意外受傷或自殘的機率，受過治療的孩子會減少一半；騎車、開車時的意外事故也會大幅減少。

如果不治療，注意力缺失與過動症的孩子，學校成績及最高學歷都比一般人差。更糟糕的是，不治療的孩子因為學業成績不如人、成就感差，造成自尊心受挫而自暴自棄，出現反社會行為、酗酒或吸毒的比例，比一般人高很多倍！

就算能夠和一般人一樣地被雇用，做事情總是脫線少一根筋的他們，可想而知，職場上升遷機會較差，失業率也較高。

基於以上的理由，醫學界早有共識：注意力缺失與過動症一定要早期介入給予治療！

整體療法　治療過動兒的五項重點對策

注意力缺失與過動症是一種慢性疾病，家長要有長期抗戰的心理準備。固定和老師溝通孩子在學校的上課狀況，非常重要！根據家長本身觀察，以及老師課堂上對孩子上課表現的觀察，是調整治療的重要參考，並且在需要時可以尋求病友會的資訊及幫助。

過動症治療包含了行為介入、學校配合、心理介入、藥物及營養素補充等多個面向。治療決策需要雙親及孩子共同參與，每個孩子適合的治療方式都不太一樣，共同決定治療策略，可保證治療效果最大化。

治療前，要定出明確的治療目標：目標要是實際、可行及可測量的。實用的目標，例如和雙親、教師或同學關係改善；數學有進步；不和老師頂嘴等等，進步的過程可記錄下來，好做為前後比較。

一、要同時治療焦慮症、憂鬱症等共病

至少三分之一以上的過動兒都會合併像是睡眠障礙、焦慮症、憂鬱症等共病，因此一定要同時治療共病！舉一個研究為例：孩子改善了睡眠障礙後，注意力缺失與過動症的症狀也會連帶大幅改善，這和我的臨床經驗十分符合。

學齡前兒童以雙親或老師給予行為治療為主，但如果症狀嚴重到使同學有受傷的可能性、甚至被幼兒園退學，或症狀嚴重到干擾共病的治療時，可考慮提前給予藥物治療。

兒童醫學小教室

注意力缺失與過動症的共病有哪些？

過動症孩子常合併許多種共病，例如：睡眠障礙（sleep disorder）、行為障礙（conduct disorders）、焦慮症（anxiety disorders）、憂鬱症（depression）、閱讀障礙（reading disability）、學習障礙（learning disability）、對立性違抗症（oppositional-defiant disorders）、習慣性抽動（Tics disorders）及妥瑞氏症（Tourette syndrome）等。

二、減少分心的環境，尤其房間和書桌

不管是否有注意力缺失與過動症，美國建議六歲以上兒童，一天至少能運動超過一小時！運動除了能增加心肺功能，也可減輕注意力缺失與過動的症狀，並增加認知功能。

寫功課的環境要儘量減少干擾，要有自己獨立的房間及書桌，書桌要收拾整齊，最好用不到的文具雜物，都要收到抽屜裡面。儘可能的話，唸書及做功課時，家長能陪伴在旁。

在教室的座位最好能獨立，而且在前排靠近老師處。此外，儘量減少玩手機、上網、電玩及看電視的時間，以免注意力缺失症狀更加惡化。重點是要製造一個減少分心的環境，才能改善注意力不集中及過動症狀。

三、減少食品添加物及過敏原

目前研究顯示，許多食品添加物，諸如色素、人工甘味劑及防腐劑

等，確實可能使兒童產生注意力缺失與過動的症狀。限制孩子攝取到這些食品添加物，則可以減少注意力缺失與過動的症狀。

此外，如果確定有對某些食物過敏，減少食用這些食物，也可以減少注意力缺失與過動的症狀。

四、別讓孩子曝露在環境毒素中

近年來，注意力缺失與過動症盛行率（prevalence）在世界各國都在上升，美國在二〇一六年甚至是一九九七年的兩倍！為何罹病的孩子會如此快速增加，是研究上一個熱門的課題。其中兒童曝露在環境毒素之下，可能造成注意力缺失與過動症的課題，引起大家越來越多的關注。

二〇一四年研究顯示，有過動症的學童，血液中鉛濃度較高，但汞及鎘濃度則和過動症關聯性不大[1]。二〇一〇年的文章則確定，一般美國兒童體內的有機磷殺蟲劑濃度增加，可能和過動症盛行率增加有關[2]。二〇一八年最新研究則指出，兒童曝露在塑化劑雙酚A和過動症的發生有直接關聯性[3]。

五、藥物治療宜留意食慾減退及睡眠障礙等副作用

一般過動症的治療藥物分兩大類別：一為中樞神經活化劑（CNS Stimulant），另外是非中樞神經活化劑（Non-Stimulant medications）。

中樞神經活化劑是一種擬交感神經藥物，可作用在中樞神經，刺激多巴胺及正甲狀腺素傳遞。中樞神經活化劑已被證明可以改善認知能力、課業表現，以及行為表現。最常見的副作用為食慾減退及睡眠障礙，較少見的副作用尚有情緒障礙及嗜睡。

重點來了！有研究團隊擔心接受中樞神經活化劑治療的兒童，將來濫用毒品的風險可能較高；但是，後來同一團隊研究證實：接受中樞神經活化劑治療的過動症兒童，長大後反而較少濫用毒品！不過，如果是家長自行上網，查詢到了這些資料，會很難弄清楚這些網路資訊的來龍去脈，覺得莫衷一是而無所適從；更甚者，萬一只有看到前半段的「將來濫用毒品的風險較高」，肯定會自行下結論，堅持不給孩子藥物治療，以至於嚴重耽誤孩子的病情！

最常用的中樞神經活化劑，包括：利它能（methylphenidate, Ritalin）以及長效劑型專思達（Concerta）。有三十%過動症的孩子對中樞神經活化劑效果不佳，其中大多數是合併焦慮症或憂鬱症共病的患者。這時就要考慮使用非中樞神經活化劑：思銳（atomoxetine）、降保適（Clonidine）及壓適妥（Guanfacine）為其中最常用者，最適用於合併有習慣性抽動及妥瑞氏症共病的患者。

兒童營養功能醫學

過動兒不開藥的處方箋

除了減少環境的毒素外，在營養功能醫學方面，如果想另外補充營養素，可以視孩子狀況先考慮維生素D、鋅、鐵、鎂、ω-3脂肪酸、維生素C及維生素B群，有效益的營養素羅列如下：

① 有學者發現補充鋅對過動症孩子的症狀有改善，懷疑缺乏鋅可能是造成過動症的原因之一[4]。

②荷蘭研究者則發現，**左旋肉酸**使半數過動症孩子改善注意力缺失症狀及減少攻擊行為[5]。

③二〇〇六及二〇一六年兩篇研究結論是，接受補充**鎂**及**維生素** B_6 的過動症孩子，症狀比對照組進步[6,7]。

④二〇〇八年權威雜誌刊登，補充**鐵**劑對過動症孩子有幫助[8]。

⑤二〇〇九年一項隨機雙盲試驗顯示，補充**魚油**確實對過動症孩子的症狀改善有幫助[9]。

⑥二〇一八年最新研究顯示，**維生素D**可改善過動症孩子的認知功能[10]。

⑦補充α-**亞麻油酸**及**維生素C**有助過動症孩子的症狀改善[11]。

⑧補充**維生素** B_{12} 可改善過動症孩子的學習問題[12]。

⑨過動症患者的**維生素** B_2、**維生素** B_6 及**葉酸**比一般人低下[13]。

⑩補充**酪胺酸**及**5-羥基色胺酸**，可增加體內多巴胺及血清素，而改善過動症孩子的症狀[14]。

⑪有研究認為**茶胺酸**可以讓過動症的小孩容易入睡[15]。

⑫研究發現過動症孩子的**鐵**、**鎂**、**維生素D**及**鋅**較正常值低[16]。
⑬**褪黑激素**可安全有效治療過動症孩子的入睡困難[17]。
⑭二〇一八年研究顯示，過動症孩子體內錳濃度較高[18]。
⑮研究顯示過動症孩子體內**碘**濃度較低[19]。
⑯過動症孩子體內氧化壓力偏高，**抗氧化營養品**補充可能有益[20]。
⑰**人蔘**被證實可以改善過動症孩子的不專心症狀[21]。
⑱**銀杏**（Ginkgo biloba）雖然治療過動症孩子效果不如利它能，但是相對來說副作用也較少[22]。
⑲**葉酸**可改善因利它能造成的食慾減退副作用[23]。

效果見證

過動兒積極治療與否，對往後的人生影響大

過動症未妥善治療，日後行為偏差到令人惋惜

小華被醫師確診為注意力缺失與過動症，小華的父母親都受過高等

教育，看診前已上網遍查過相關資料，所以對這個診斷結果並不意外。醫師建議要給予藥物治療，但是也由於有上網接受到一些偏差資訊，所以他們堅持不願意給予小華藥物治療。

我在門診看到小華時，已是他診斷為過動症十年後了。他在小學中年級時，開始出現偷錢、說謊的行為。上了國中，流連網咖、翹家整夜未歸是家常便飯。甚至從國三開始，輟學至今已經三年，不但早就是個老菸槍，甚至被懷疑有偷偷在吸毒品。他被帶來一次門診後，就未再回診，偶爾想到這個孩子，我都深深覺得惋惜……。

採取共病治療，親師都感受到孩子的種種改變與進步

延啟相對來說幸運得多！經過幼稚園中、大班的行為治療及觀察期，雖然他的過動症狀明顯減緩，但是他的注意力不集中症狀還是持續。所以在小一時候，他開始接受利他能治療；剛開始效果不錯，用了一年後，雖然有持續藥物加量，但是他上課又開始恍神。媽媽把他帶到我門診，希望能給她一些建議。

1. **時鬆時緊的管教策略：**我請延啟的爸媽，平時一定要和老師保持良好的溝通，隨時了解孩子在校的狀況。並拜託老師把他在教室的座位，安排在前排靠近老師處，比較不會因為距離太遠，造成他容易放空發呆。寫功課的時候，要在自己的房間及書桌，書桌要收拾整齊，用不到的文具雜物都收到抽屜裡面。而且唸書及做功課時，爸或媽都陪伴在旁。他過動症狀雖已大幅緩解，但還是很難安靜地玩或參與休閒活動，以致常引起爸爸大聲喝斥。我和爸爸溝通「過動的孩子，只要在他不引起自己及他人危險的前提下，管教上就睜一隻眼閉一隻眼，這樣雙方日子才能過得輕鬆。」這樣就慢慢舒緩了原本有些緊張的親子關係。

2. **治療鼻過敏，改善睡眠品質：**在門診時，我發現延啟鼻子過敏，造成每晚鼻塞，因而睡眠品質差，第二天就極容易恍神。所以檢測了過敏原，並同時治療他的過敏性鼻炎。過敏原檢測發現他對蝦子有嚴重過敏，便請他們嚴格避免食用。

3. **增加運動量，緩解過動症狀：**延啟的運動量不足，我請父母親務必週六、週日，要帶他去戶外至少運動一小時以上，再加上週三下午。這樣一週至少有三天的時間有運動到，這對過動兒症狀緩解非常的重要。

4. **嚴格控管3C使用時間，每天不超過一小時：**他平日常沉迷在手機遊戲，而看電視、玩手機及打電玩都易加重注意力缺失症狀。我請父母親下載手機控管軟體，嚴格管制每日使用時間不得超過一小時。

5. **排除體內毒素，以不鏽鋼水壺取代塑膠水壺：**塑化劑檢測發現，延啟體內的雙酚A居然超過上限值五倍！仔細追問得知，他用的水壺是聚碳酸酯（PC）的塑膠水壺。除了請雙親立刻換成不鏽鋼材質水壺外，平時一定要讓他多喝水，也要多吃含芥蘭素的食物，如青花菜、花椰菜及甘藍菜等，以幫助排毒。

6. **補充體內偏低營養素，從全班倒數進步到前五名：**營養素檢測結果，鐵、鎂、維生素D及鋅較正常值低。除了飲食衛教，要多攝取含豐富鐵、鎂、維生素D及鋅的食物外，也另外給予補充。

家有注意力缺失過動症兒，掌握 4 件事

同時治療共病

- 睡眠障礙
- 焦慮症
- 憂鬱症

減少分心的環境

- 每天至少運動 1 小時
- 書桌只放必用的文具和書
- 限制使用 3C 產品的時間

減少環境毒素

- 鉛
- 有機磷殺蟲劑
- 塑化劑

減少食品添加物和過敏原

- 色素
- 人工甘味劑
- 防腐劑

延啟的症狀日漸緩解，功課也持續進步中，半年後居然功課從倒數幾名進步到前五名！被老師在聯絡簿上，寫上課恍神的次數也幾乎沒有了，藥物也減少到只吃一種，一天一次。雙親不再一天到晚盯著糾正他，親子關係也終於得以舒緩了。

CH7

自閉症

孩子不跟別人講話、脾氣差又固執？

五歲大的偉紀，到了兩歲半才會叫爸爸。由於父母在外地上班，平日都由奶奶照顧。奶奶覺得偉紀應該就是所謂的「大隻雞慢啼」，並不以為意。

偉紀除了脾氣有點固執外，也很少搭理人；別人和他說話時，他也不會注視著對方眼睛。偉紀來我們診做兒童健檢時，也一併做了聽力檢測，發現他聽力是正常的，所以可以排除聽力問題。

再進一步詢問起來，奶奶每次和他一起去小公園散步時，他總是不和其他小朋友一起玩耍。他平日在家最愛做的事情，是自己一人在角落裡，玩著一個故障鬧鐘，而且永遠玩不膩；如果不讓他玩，他就會失控暴怒！

病情分析　特徵是不理人、不看人、不怕人、不易有親密關係

自閉症是大眾都耳熟能詳的一種兒童神經精神疾患，就算是專業但非當科的醫師，都很難說得上來究竟怎樣才能算是自閉症。事實上，每位患者的障礙程度差別很大，目前從輕症到重症都以自閉症譜系障礙（**Autism Spectrum Disorder, ASD**）來統稱，簡稱為自閉症。專家目前普遍認同的是：這是一種神經發展疾患，會在社交溝通及社交互動出現持續性障礙；此外，在行為、興趣及活動方面，有限制性及重複性的模式特徵。

具體來說，自閉症的孩子如同偉紀一樣，從幼兒期起，便可能表現出不理人、不看人、對人缺少反應、不怕陌生人、不容易和親人建立親情關係、缺少一般兒童的模仿學習、無法和小朋友一起玩耍、難以體會

別人的情緒與感受，以及不會以一般人能接受的方法表達自己的情感等多方面的困難。原因在於他們在了解他人的口語、肢體語言，或以語言、手勢、表情等來表達意見方面，都有程度不同的困難。

此外，他們常有一些和一般兒童不同的固定習慣或玩法，例如特殊固定的食衣住行習慣、侷限又特殊的興趣、玩法單調反覆及缺乏變化、環境布置需固定等，只要稍有改變，就因不能接受而抗拒或哭鬧。

父母親學習辨認早期症狀及徵兆很重要

國內外有許多針對不同年齡兒童的自閉症篩檢工具，但是信度效度不一。重點是：篩檢檢查表判定為未通過的兒童，並非就能直接診斷為自閉症。不過，未通過檢查表的兒童應該由醫師做進一步的評估及診斷。

要如何早期發現呢？將近三分之二的孩子，在兩歲前就會出現學習溝通的障礙。而早期發現，進而早期介入處理，可以使得預後較好！

所以，父母親學習辨認以下的早期症狀及徵兆，是非常重要的。如上所述，無法由孩子有幾項早期症狀及徵兆，就能直接診斷為自閉症；有懷疑還是應由醫師做更進一步的評估及診斷。

□ 1. 雙親憂慮孩子有社交技巧缺失。

□ 2. 雙親憂慮孩子有語言發展或語言技巧缺失。

□ 3. 雙親憂慮孩子時常對外在環境變化無法容忍或暴怒。

□ 4. 語言及社交溝通技巧發展遲緩。包括：

最晚到一歲時，聽到名字沒有反應。

最晚到一歲兩個月時，不會用手指或手勢，表示有興趣的東西。

最晚到一歲六個月時，不會玩扮家家酒（角色扮演遊戲）。

□ 5. 避免與人眼神接觸，或寧願孤單一人。

□ 6. 很難理解他人感受或談論自己感受。

□7. 一遍又一遍的重複（他人所說的）特定辭彙、句子。

□8. 對於問題給予不相干的回答。

□9. 對於小變化就會產生懊惱情緒。

□10. 有強迫性的愛好。

□11. 常甩手、搖擺身體或原地轉圈圈。

□12. 對事物聽、聞、嚐、看、摸之後，出現的反應不尋常。

病情診斷

自閉症確診要五大類條件都符合

根據健保資料庫研究資料顯示：台灣自閉症目前的盛行率從二〇〇一年的萬分之三・二，增長到二〇一二年的萬分之十五・一二，而男女的比例約為四・五比一，是身心障礙者增加幅度最大的族群之一。國內目前診斷自閉症，是依靠病史及觀察到的行為，是否符合第五版《精神疾病診斷與統計手冊》（The Diagnostic and Statistical Manual of

Mental Disorders, Fifth edition，簡稱 DSM-5）所訂定的診斷條件而決定，也就是說必須以下五大類條件皆符合者，才能診斷為自閉症：

第一類條件：在社交溝通及社交互動上，目前或曾經在下列三方面有持續性的缺失。

1. 社交情感的互惠有障礙。例如由於缺乏互相分享興趣、無法理解別人的想法或感受，導致無法產生彼此投機的會話或互動。
2. 社交互動上的非語言溝通行為有侷限。例如很難用言語溝通，去配合眼神接觸、臉部表情、手勢、身體語言或說話的音韻語氣等。
3. 發展、維持及理解關係有困難。例如很難根據社交環境而調整行為；缺乏表現被期待的社交行為能力；對社交缺乏興趣；即使有興趣發展友情，還是很難交到朋友。

第二類條件：在行為、興趣或活動方面，目前或曾經在下列特徵至少兩方面以上，有限制性及重複性的模式。

1. 刻板或反覆性地做某種動作、使用某種特定東西，或是重複某種語言的方式。例如反覆的甩手、搖擺或轉圈圈；一直重複他人所說的或影片中的特定辭彙、句子。

2. 堅持千篇一律性；嚴格遵守例行常規；語言或非語言的行為有儀式化的模式。例如玩具一定要排成一行。

3. 強度、專注度已達病態的高度限制性、堅持性及固定性的愛好。例如特定物品或零件，像是火車、吸塵器，或是火車及吸塵器的零件；或過度專心於特定主題，例如恐龍或自然災害。

4. 對於特定感覺有增加或減少的反應，或對於環境造成的感覺有不尋常的興趣。例如對於特定聲音有和一般人相反的反應、對溫度明顯的漠不關心、過度的觸摸或嗅聞物品等。

第三類條件：症狀必須嚴重到影響功能。例如社交、學業、或完成生活例行事項等功能。

第四類條件：症狀必須在童年早期就出現。值得注意的是，症狀通常是在社交需求超過現有能力時才會顯現！長大後，症狀常會被學習到的策略掩飾掉。

第五類條件：症狀無法以智能不足或整體發展遲緩來解釋。

自閉症也有嚴重級別之分，根據社交溝通及社交互動面向，和限制性及重複性行為面向，從這兩大面向還可依照影響功能的程度分為三個級別，一級最輕而三級最嚴重。

兒童醫學小教室

認識亞斯伯格症候群

患自閉症的兒童，其中約百分之七十合併智能不足；而患智能不足的兒童，尤其是重度智能不足者，也易合併輕微的自閉症。但自閉症兒童中，仍有智能正常甚至資優的，其中最為人熟知的是亞斯伯格症候群（Asperger syndrome）。

目前第五版《精神疾病診斷與統計手冊》已經不特別把亞斯伯格症候群和自閉症做區隔；而是把亞斯伯格症候群，當作相對保有語言及認知發展的自閉症，在分類上屬於無智能障礙的第一級（輕度）自閉症。

治療對策

治療自閉症採取多元且多面策略

一、導致自閉症的原因眾多，排除檢測與共病治療宜併行

研究結果顯示，只有約三％的自閉症孩子和遺傳有關，但大部分孩子仍找不到原因，因此自閉症的真正病因到現在仍不清楚。

如果懷疑是遺傳性症候群，可考慮安排基因檢測，以排除X染色體脆折症（Fragile X Syndrome）、結節性硬化症（Tuberous sclerosis complex）等。當然，如果臨床上懷疑，也可以安排新陳代謝檢查，以排除先天性代謝異常疾病；甚至如果懷疑可能有癲癇，或是藍道克利夫症候群（Landau-Kleffner Syndrome），可考慮安排腦波檢查。

研究顯示，自閉症與環境毒素有關聯，這也許能夠解釋，為何自閉兒發生率及盛行率都一直在增加當中。根據研究發現，自閉兒體內鋅及錳含量不足，而鉛含量過高[1]。另有研究表示，胎兒曝露在懷孕期母體的中高量濃度塑化劑中，將來成為自閉症的機會高[2]。此外，二〇一八年研究表示，自閉兒的食物過敏、呼吸道過敏、及皮膚過敏的機會比一般孩童高很多。

除此之外，自閉兒有很高的機會合併一些共病，包含智能障礙、語言障礙、神經發展性障礙、睡眠障礙、進食問題、癲癇及遺傳症候群等，建議要逐一確認後，一併治療的效果最好。

二、自閉症要根據年齡與需求做治療

自閉症的兒童雖然大多身體健康，可是由於心理功能障礙，導致未來成人時，許多人沒有辦法在社會上工作，無法養活、照顧自己，甚至

自閉症與其他疾病的鑑別診斷

許多疾病及情況，也會影響社交溝通及社交互動，及／或有限制性及重複性的行為，乍看和自閉症很像，需和自閉症作鑑別診斷，簡單整理如下表格。

自閉症的鑑別診斷表

疾病／狀況	和自閉症不同處
1. 整體發展遲緩／智障	• 社交溝通及社交互動，和目前發展階段吻合
2. 資賦優異	• 正常的實務語言技巧 • 高強度的興趣是實用且多樣的，且小孩可以解釋為何會感興趣 • 通常喜歡社交互動
3. 社交溝通障礙	• 沒有限制性及重複性的行為、興趣或活動
4. 發展性語言障礙	• 正常社交互動 • 正常的溝通意願 • 會玩扮家家酒（角色扮演遊戲）
5. 語言學習障礙	• 正常社交互動 • 正常的溝通意願；會玩扮家家酒 • 即使語言能力不足，仍然想要溝通
6. 非語文學習障礙	• 實務語言技巧及社交互動，較自閉症輕微 • 沒有限制性及重複性的行為、興趣或活動

7. 聽障	• 正常社交互動 • 可正常凝視對方眼睛 • 臉部表情表現出溝通慾望
8. 藍道克利夫症候群	• 3 到 6 歲前發展正常 • 表現類似聽障兒童
9. 瑞特氏症候群（Rett syndrome）	• 絕大多數為女性 • 小頭 • 刻板的手部動作 • 步態異常 • 異常的呼吸型態
10. 胎兒酒精症候群	• 瞼裂較短 • 上唇薄 • 人中淺
11. 依附障礙症	• 有兒童疏忽病史或照顧者有精神病史 • 如給予適當教養環境後，社交障礙會改善
12. 注意力不足過動症	• 正常的實務語言技巧 • 正常的非語言社交行為 • 會玩扮家家酒 • 沒有限制性及重複性的行為、興趣或活動
13. 焦慮症	• 正常的非語言社交行為 • 會玩扮家家酒 • 沒有侷限性的興趣 • 沒有限制性及重複性的行為、興趣或活動
14. 強迫症	• 正常社交技巧 • 正常的實務語言 • 因焦慮而造成強迫的症狀
15. 刻板動作疾患	• 正常社交技巧 • 正常的實務語言
16. 妥瑞症／抽動疾患	• 正常社交技巧 • 正常的實務語言

需要他人長期養護。他們極需要父母在兒童期給予大量的時間及心血投入治療，才能使孩子在成人後可以獨立謀生。因此，自閉症不論對患者自己、家人，或是對社會而言，都是很沉重的負擔。

治療自閉症要根據孩子的年紀及需求，做出個人化的治療計畫。治療整體目標包含：讓生活自理功能最大化、使孩子能獨立，以及改善生活品質。個別目標有改善社交功能、改善溝通技巧、改善適應技巧、減少負面行為，以及促進學科功能及認知。

整體療法

治療自閉症的三項重點對策

原則上，希望能儘早診斷，以便早期介入治療；而早期介入處理，可以使得預後較好！目前，治療方式分為三大類，包含行為及教育介入、藥物治療及另類療法。

一、行為及教育介入，適當引起孩子的興趣

行為及教育介入，主要針對孩子的主要症狀（例如社交溝通及社交互動缺失，及／或限制性及重複性的行為、興趣或活動），早期給予密集行為及教育訓練。具體來說，是用適當的可以引起自閉兒興趣的事物做為工具，導引他們從自閉的繭中走出來；教導他們注意環境；教育他們講話及處理一些事情的技巧。這是到目前為止，比較有效的治療方法。

二、藥物治療主要是治療共病

使用的藥物主要用來治療共病或控制連帶的症狀，譬如晚上吵鬧、不睡覺、行為太衝動、太好動、不能集中注意力等現象，藥物本身無法治療自閉症的主要症狀。

三、瑜伽、氣功、養寵物等另類療法

所有傳統療法以外的治療，統稱為另類療法。自閉症的傳統療法，包括上述的行為及教育介入和藥物治療。遺憾的是，這兩大類方法，目前並無法作到「治癒」這個疾病！因此，許多家長會同時盡一切可能，尋求各式另類療法，以作為輔助治療，以期未來能真正治癒疾病。目前，有論文提出有效果或可能有效果，而且安全的另類療法，簡單整理如下：

1. **感覺統合及按摩治療**：可改善感覺處理障礙[3]。
2. **褪黑激素**：可改善睡眠障礙[4]。
3. **催產素**：可改善社交功能[5]。
4. **和寵物玩**：可增加社交行為[6]。
5. **多吃綠花椰菜芽**：內含萊菔硫烷（sulforaphane），可改善社交互動、減少異常行為及增加語言溝通[7]。
6. **透顱磁刺激**（Transcranial Magnetic Stimulation, TMS；一種運用機器產生的磁場，在腦部產生微電流後，刺激腦部神經細胞以達到治療效果）：可改善自閉症主要症狀[8]。

7. **瑜伽**：可改善自閉症主要症狀[9]。

8. **氣功**：可改善社交及語言技巧[10]。

9. **正念療法**：可改善社交反應及社交溝通[11]。

兒童營養功能醫學

自閉症不開藥的處方箋

許多學者研究指出，各式營養素對於自閉症有許多不一樣的幫助！在營養功能醫學方面，如果想另外補充營養素，可以視孩子狀況先考慮維生素D、鋅、ω-3脂肪酸、葉酸、維生素B_{12}及益生菌，有助益的營養素羅列如下：

① 補充**維生素C**可改善自閉症症狀[12]。

② **維生素B_{12}**可藉由改善孩子體內細胞甲基化能力，而改善自閉症症狀[13]。

③ 補充**葉酸**可改善孩子社交、認知、語言及溝通能力[14]。

④ **魚油**可改善孩子過動及重複刻板舉動[15]。

⑤ **益生菌**可改善自閉症狀嚴重度[16]。

⑥ **維生素** B_{12} **及活性葉酸**（folinic acid）可藉由改善穀胱甘肽氧化還原狀態，而改善表達、人際及社會技巧[17]。

⑦ 自閉症孩子體內**鋅**常不足[18]。

⑧ 自閉兒若補充**消化酵素**，可改善情緒表達及行為[19]。

⑨ 給予孕婦高劑量的**維生素D**，可以預防胎兒出現自閉症狀；給予自閉兒高劑量的**維生素D**，可以改善自閉症主要症狀[20]。

⑩ 體內麩醯胺酸不足的孩子，補充**維生素** B_6，可改善對聲音敏感及動作笨拙[21]。

⑪ 補充**維生素** B_6、**維生素** B_2 **及鎂**，可減少自閉兒尿中排出二羧酸[22]。

⑫ 補充**維生素A**可減少自閉症症狀[23]。

⑬ 自閉兒若體內色氨酸不足，則症狀較嚴重；而補充**維生素B群及鎂**，可以提升體內色氨酸[24]。

⑭ 自閉兒體內**輔酶** Q_{10} 不足[25]。

⑮ **維生素B$_1$**可改善自閉症症狀，並幫助從尿液中排出重金屬[26]。

⑯ **茶胺酸**可藉由增加體內γ-胺基丁酸（GABA），而使得孩子手部動作協調度、平衡感及感覺回饋增加[27]。

⑰ **硒**具有抑制氧化壓力、抑制神經發炎反應及活化神經微膠細胞作用，因而對自閉症症狀有幫助[28]。

⑱ **白藜蘆醇**可藉由抑制神經發炎反應，而改善自閉症主要症狀[29]。

⑲ **槲皮素**可藉由抗氧化及抗發炎作用，而對自閉症症狀有幫助[30]。

⑳ 自閉兒體內**維生素A**、**維生素E**及**茄紅素**常不足[31]。

㉑ 實驗證實：**葡萄籽**（Grape Seed）**萃取物**，對自閉症患者小腦有神經保護作用[32]。

㉒ **人蔘**（Ginseng）可改善自閉症症狀[33]。

㉓ 實驗證實：**薑黃素**可藉由抗氧化及恢復粒線體功能的作用，而對自閉症症狀有幫助[34]。

㉔ 自閉兒體內**膽鹼**及**甜菜鹼**常不足[35]。

㉕β-胡蘿蔔素可緩解自閉症症狀[36]。
㉖補充肉鹼對部分自閉症孩子有幫助[37]。
㉗γ-亞麻油酸對自閉症患者腦部有神經保護作用[38]。

效果見證　多管齊下走出自閉，逐漸接受和別人一起玩了

偉紀確診為第一級輕度的自閉症，爸爸媽媽也為了配合後續密集的行為及教育介入治療，而由外地搬回來，改由自己照顧，不再麻煩祖父母。一切只期望能夠幫助偉紀，導引他從自閉的繭中走出來。

1. **上課坐前排、少使用3C**：由於偉紀有合併注意力缺失與過動症狀，所以建議在他唸書及做功課時，家長能陪伴在旁。將來上小學時，在教室的座位最好能獨立，而且在前排靠近老師處。最好一天至少能運動超過一小時，才能改善注意力不集中及過動症狀。

此外，要儘量減少玩手機、上網、電玩及看電視的時間，以免注意

家長注意！ 自閉症孩童徵兆

拒絕變化
行為固執

重複的語言
或行為

社交互動
及溝通困難

常搖擺身體
或原地轉圈圈

不理人
不怕人
不看人

語言表達
有困難

無法溝通理解
及控制情緒

避免與人
眼神接觸

對事物的圖案
質感、氣味
食物的味道
環境的聲音
反應異常

1 歲半以後不會
玩扮家家酒

力缺失與過動症狀更加惡化。如果到了小一，仍未明顯改善，則建議開始藥物治療。

2. **補充鋅及芥蘭素等食物，排出體內毒素：**偉紀體內的鋅含量不足，所以幫他補充鋅；而重金屬檢測發現，他的鉛及汞含量過高，正好補充鋅又可幫助排除鉛汞等重金屬。

特殊的是，他體內的塑化劑檢測顯示，三氯沙（Triclosan）居然超過上限值九十倍！仔細詢問後，發現偉紀刷牙時，有吞食牙膏泡泡的習慣。除告知雙親要改成不含三氯沙，且可以吞食的牙膏外，平時一定要讓他多喝水，也要多吃含芥蘭素的食物，例如青花菜、花椰菜及甘藍菜等，以幫助排毒。

3. **多吃蔬菜及魚，改善長久便祕：**他平日不愛吃蔬果和魚，有長期便祕的問題。檢測也顯示體內維生素C、維生素B_{12}、葉酸及ω-3脂肪酸偏低。所以請父母親改變烹調方式，務必讓他多攝食蔬果及魚外，再幫他補充維生素C、維生素B_{12}、葉酸、魚油及益生菌，除了改善自閉症狀，也改善了便祕。

經過以上正統及輔助的治療，偉紀原本平時完全不理人，只願意自己一個人玩，現在變得如果你和他一起玩，雖然互動不多，但是他也能接受。

原本完全和人零互動，現在變成你跟他在一起時，要求他表達意見，這孩子居然多少會應答幾句！雖然進步還不大，但是父母親已經能看到，他正在進步的事實。我們都熱切期盼再過一年時，他能夠融入正常小學生活中。

看影片

CH8

兒童期糖尿病（第一型糖尿病）

糖尿病已成為兒童常見慢性疾病

十二歲的宛玲，這半年的體重都沒有增加，最近這幾週，胃口開始變差、精神也不好，還偶爾會喊肚子痛。直到上週一早上，媽媽發現她叫不醒，趕緊送到急診室！

醫師告知她血糖高達六百多；住院後，確定為第一型糖尿病合併酮酸中毒及脫水，緊急治療後才脫離險境。

病情分析

第一型糖尿病是兒童及青少年最常見類型

第一型糖尿病（Type 1 diabetes）是兒童及青少年期糖尿病最常見的類型。它是因為胰臟分泌胰島素的胰島β細胞受到破壞，無法分泌胰島素所導致。治療需依靠注射胰島素，因此第一型糖尿病又稱為胰島素依賴型糖尿病（insulin-dependent diabetes mellitus, IDDM）。

全台灣地區盛行率約三千人，每年新增約兩百例，算是兒科最常見的慢性病之一。發病高峰期呈雙峰分布，分別為四至六歲及十至十四歲，無明顯性別差異。

絕大部分的第一型糖尿病患者無家族史，但是一項對於同卵雙胞胎的觀察研究顯示：雙胞胎之一在二十五歲以前發病時，另一位雙胞胎發病的機會約五十%，這表示就算有遺傳體質，仍須有環境因素的誘發才會發病。

有許多環境誘發劑，例如牛奶血清蛋白、病毒（腮腺炎病毒、柯薩奇病毒、巨細胞病毒、德國麻疹病毒）等，都因分子結構上相似性而被懷疑過，但均未被證實。

分為自體抗體攻擊胰臟與原因不明兩類

第一型糖尿病又可以分為兩類。在第一型糖尿病中，有近八十五％的患者，是因為胰臟細胞自體抗體攻擊胰臟所造成，稱為第 1A 型糖尿病（Type 1A diabetes）。但有近十五％的患者，體內無胰臟細胞自體抗體，也找不到其他原因，稱為第 1B 型糖尿病（Type 1B diabetes）。

第一型糖尿病進程則分為三個階段。最常見的第 1A 型糖尿病孩子，一出生就帶有特定基因，等待某些環境因素誘發後，就開始破壞胰臟細胞。但是因為胰臟細胞數量多，所以在發病初期，分泌胰島素的量，還足以維持血糖正常。此時孩子接受糖耐力測試，血糖如果正常，稱為第一階段。血糖如果異常，則為第二階段。前兩階段為無症狀期，可維持數個月到數年。到了後期，胰臟細胞被大量破壞，胰島素開始分泌量不足，開始出現高血糖症狀，則是第三階段。

目前已知有至少十八個基因位置，被確認與第一型糖尿病有關。

病情診斷

糖尿病確診標準有四項條件

初始發病時典型症狀，包括：多喝、多尿、體重減輕、昏睡等；小於六歲兒童發病時，常以酮酸中毒為表現。

不過，還是要根據醫學上的檢驗判斷來做診斷，最客觀的莫過於以血糖數值做標準，至於血糖多高才能算糖尿病呢？只要符合下列四條件之一，就能做出糖尿病的診斷：

1. 至少兩次空腹血糖大於一百二十六毫克／分升（mg／dL）。
2. 有高血糖症狀且血糖高於二百毫克／分升（mg／dL）。
3. 糖耐力測試時，口服葡萄糖兩小時後血糖高於二百毫克／分升（mg／dL）。
4. 糖化血紅素大於六・五％。

如何和第二型糖尿病做區別？

小朋友也有可能得到成人常見的第二型糖尿病！萬一確定有糖尿病後，要怎麼分別是哪一型呢？

第一型糖尿病和成人常見的第二型糖尿病（Diabetes mellitus type 2，又稱非胰島素依賴型糖尿病，non-insulin-dependent diabetes mellitus, NIDDM）的區別，主要在於第一型糖尿病，是因出現抗胰島β細胞自體抗體，而導致無法分泌胰島素；而第二型糖尿病是因為身體細胞無法利用胰島素，造成胰島素阻抗所致。左頁表格作個簡單區分。

除此之外，高血糖的鑑別診斷還包括：危重病孩子、特定藥物使用及新生兒高血糖。

第一型與第二型糖尿病的鑑別診斷表

	第一型糖尿病	第二型糖尿病
盛行率	常見，增加中	增加中
發病年齡	兒童期至青春期	十歲後漸多
起始表現	急性嚴重	不知不覺或嚴重
發病時高血酮	常見	5% 左右
家族史	5% 至 10%	75% 至 90%
女男比例	1：1	2：1
遺傳方式	多基因性	多基因性
HLA-DR3/4 相關性	強相關性	無相關性
種族差異	非西班牙裔之白人較多	無種族差異性
胰島素分泌	降低或無	多變
胰島素敏感性	正常	降低
胰島素依賴性	永久	多變
肥胖或過重	無	80% 以上肥胖
黑色棘皮症（Acanthosis nigricans）	12%	50% 至 90%
胰臟自體抗體（pancreatic autoantibodies）	有	無
胰島素及 C- 胜肽（Insulin and C-peptide levels）	低	高

整體療法

控制糖尿病宜採取正規治療與飲食控制

治療第一型糖尿病的大原則，是希望在儘可能安全的情況下，保持孩子的血糖正常，並且在長期後遺症和出現低血糖的風險中，取得平衡點。

一、監測血糖、測試尿酮，以及門診追踪

在衛教注意事項上，首先要讓家長及孩子了解，糖尿病的背景知識，以及控制血糖的重要性。接著訓練如何施打胰島素、監測血糖、測試尿酮，以及辨識及處理低血糖。還有長期的營養照護、日常生活適應，心理社會支持及後續門診追蹤也不可或缺。此外，不同年齡層的孩童照護，有各種不同的策略及挑戰。

一般會設定血糖控制目標為糖化血紅素小於七・五％，但還是須視各人狀況不同而調整。最理想情形是維持飯前血糖在七十～一百四十毫克／分升（mg／dL），飯後小於或等於一百四十毫克／分升（mg／dL）。但是，仍應依孩子的年紀和處理低血糖的能力酌予調整。

胰島素治療方面，建議採取皮下一天多次施打，搭配短、中、長效不同劑型，以維最佳血糖控制；如果情形許可，也可改成胰島素皮下持續輸注。

最好能夠在運動及營養方面也尋求專業協助，給予孩子量身打造的個別建議，因為這些都會影響胰島素需求量及血糖控制。此外，孩子及家長易有罹患憂鬱及焦慮症的風險，而導致血糖控制不佳，須適時給予專業心理協助。

發病初期回診須密集，以給予衛教及監測血糖控制；之後間隔可拉長，但須開始注意視網膜病變、腎病變、高血壓，以及高血脂等長期併發症。

二、飲食要少油、少糖、少鹽，多攝取低ＧＩ、高纖維食物

維持血糖在正常範圍，是治療成功減少併發症的先決條件！日常飲食也要能夠幫助維持血糖穩定，減少長期心血管併發症。日常飲食實

際作法包括：

1. 飲食定時定量。
2. 少油、少糖、少鹽。
3. 儘量避免大量攝取高膽固醇食物，例如內臟、蟹黃、魚卵、蝦卵、蝦子、花枝等。
4. 少吃豬皮、雞皮、鴨皮、肥肉等含油脂高的食物。
5. 多攝取低升糖指數及高纖維質食物，例如全穀類、蔬菜、甜度低的水果、優質蛋白質食物等。
6. 烹煮食物時，儘量以清燉、水煮、烤（但醬汁要少）、燒、蒸、涼拌等方式；少用煎及炸的方式。
7. 炒菜宜選用不飽和脂肪酸高的油脂（例如：茶油、大豆油、花生油、玉米油、葵花油、橄欖油等）；少用飽和脂肪酸含量高的油脂（例如：豬油、牛油、肥肉、奶油等）。

8. 容易被忽略的是過多水果的糖分，除了會造成血糖升高外，也一樣會轉化成三酸甘油酯，儲存在腹部內臟當中，造成肥胖問題及心血管疾病。

9. 喝果汁不如吃水果，因為少了纖維的果汁，本身反而就變成高升糖指數的飲品，不利於血糖控制。

10. 隨身攜帶飲用水、少喝飲料。一瓶全糖的含糖飲料約含有十二～十四顆方糖，容易造成血糖很大的波動。自備飲用水，在外食時，還可沖洗油膩或過鹹的菜餚，避免食入太多油脂或鹽分。

三、糖尿病兒童飲食特別事項

糖尿病兒童飲食照護上，又有一些特有的挑戰需要面對：

1. 減少糖分過高的點心攝取，或是減少此類點心分量。
2. 避免用甜食或飲料取代正餐的醣類。

3. 依據孩子的活動類型，適當調整飲食計畫。尤其，應特別注意運動時食物的補充，以避免低血糖的發生。

4. 應特別注意在延緩用餐時，可事先進食少許點心（例如吃一份主食類，約含兩公克蛋白質、十五公克醣類，熱量七十大卡），或隨身攜帶糖果，以防止低血糖的發生。

兒童醫學小教室

糖尿病孩子若常出現低血糖症狀，當心影響腦部發育

小於六歲的孩子，對自己身體的感覺無法精確表達，需仰賴父母親仔細觀察，才能知道是否出現低血糖。

一般來說，若孩子突然出現顫抖、心跳加速、情緒緊張、飢餓感、冒冷汗等交感神經症狀出現；有時合併哭鬧、煩躁不安、注意力不集中、意識模糊、嗜睡、行為失常等現象發生，就要儘快測試血糖值，以確認有無低血糖。

如果太晚發現，甚至可能造成癲癇發作或昏迷！重點是：一定要儘量避免時常發生低血糖，以免影響兒童腦部發育！

兒童營養功能醫學

糖尿病不用藥治療的處方箋

有醫學研究顯示，少數營養素可以使胰島β細胞減少受到破壞，進而能使孩子延緩病程，或不會進入高血糖的第三階段。此外許多營養素，可以對控制血糖穩定有良好輔助作用或減少長期併發症。如果想另外補充營養素，可以視孩子狀況先考慮維生素D、薑黃素、ω-3脂肪酸、葉酸、維生素B群及益生菌，有助益的營養素羅列如下：

① **菸鹼醯胺**本身屬於水溶性維生素B群中的一員，大規模統合分析研究顯示：可以讓胰島β細胞減少受到破壞[1]。

②歐洲七個國家的跨國研究顯示：在嬰兒早期開始補充**維生素D**，藉由它可能的免疫調節作用，使尚在第一、二階段的胰島β細胞減少受到破壞，而讓孩子能延緩或不會進入高血糖的第三階段[2]。

③重量級期刊研究顯示：帶有第一型糖尿病基因的兒童，補充**ω-3脂肪酸**，可以降低產生胰島自體抗體的風險[3]。

④補充**鉻**，可以降低第一型糖尿病患者胰島素需求量[4]。

⑤補充**維生素C**，對第一型糖尿病患者良好控制血糖十分重要[5]。

⑥**維生素E**過低，是導致第一型糖尿病的重要危險因子[6]。

⑦第一型糖尿病患，體內**維生素B$_{12}$**過低[7]。

⑧第一型糖尿病患補充**維生素A**，可預防日後出現動脈粥樣硬化風險[8]。

⑨第一型糖尿病患，若出現酮酸中毒時，易耗盡體內色氨酸[9]。

⑩長期補充**維生素B$_1$**，可使得糖尿病患減少血管病變風險[10]。

⑪補充**牛磺酸**，可使第一型糖尿病患逆轉早期的血管內皮細胞病變[11]。

⑫**槲皮素**可以促進胰島β細胞再生[12]。

⑬補充**益生菌**與**益菌生**，可藉由與T細胞（T cells）的互動，而達到緩解第一型糖尿病的作用[13]。

⑭第一型糖尿病孩子易缺**鎂**[14]。

⑮**武靴葉**（Gymnema sylvestre）可降低血糖，並減少胰島素需求量[15]。

⑯第一型糖尿病孩子易因體內**穀胱甘肽**不足，導致出現併發症[16]。

⑰**人蔘**（Ginseng）有降低血糖作用[17]。

⑱**γ-次亞麻油酸**可以用來預防及治療糖尿病造成的神經病變[18]。

⑲**葉酸**可改善第一型糖尿病孩子的血管內皮細胞功能[19]。

⑳**魚油**可降低糖尿病孩子體內三酸甘油酯，達三十％[20]。

㉑第一型糖尿病孩子多攝食**纖維**，可降低糖化血色素，且減少酮酸中毒風險[21]。

㉒**葫蘆巴籽**（Fenugreek Seed）可能藉由促進胰島β細胞再生，而降低血糖[22]。

㉓**問荊**（Equisetum arvense）有降低血糖作用[23]。

㉔綠茶中富含的**表沒食子兒茶素沒食子酸酯**，可使第一型糖尿病孩子的胰島β細胞減少受到破壞[24]。

㉕**薑黃素**可藉由干擾第一型糖尿病孩子免疫作用，而減少胰島β細胞受到破壞[25]。

效果見證 配合正規治療且補足缺乏營養素，血糖日漸穩定

1. **宗教力量精神上的支持，幫助長期對抗病魔：**宛玲在經過三個月胰島素治療後，病情慢慢趨於穩定。胰島素的需求量開始逐漸減少，這段胰島素需求量減少的時期，醫學上稱為蜜月期。她的心情，從剛開始罹病的否認及憤怒期，已逐漸過渡到沮喪及接受。她的父母親和她，都是虔誠的教徒，從宗教中獲得心靈的慰藉，而能有著長期對抗病魔的勇氣！

2. **隨身攜帶糖果，避免低血糖：**我請宛玲隨時攜帶幾小袋葡萄糖包或

幾顆糖果，並務必注意：萬一有飢餓、發抖、冒冷汗、情緒緊張、心跳加快、頭暈無力、嘴麻、說話困難、不正常疲倦、嗜睡、視力模糊等低血糖症狀時，要趕快吞食，以避免發生低血糖，而影響腦部發育。

3. **採取少糖及低GI飲食，並補充營養素：**衛教給予如上述的日常飲食注意事項（見第一七四頁），尤其是減少糖分過高的食物攝取。也要特別注意運動時食物的補充，以避免低血糖的發生。

營養師也對爸爸媽媽及宛玲，做詳盡的飲食衛教，並附上簡易飲食建議食譜，以便藉由調整熱量、蛋白質、醣類及油脂的攝取量，達到血糖良好控制。日常飲食鼓勵她多攝食蔬果，但是水果以芭樂、番茄等不甜的為主，以期降低糖化血色素，且減少酮酸中毒風險。

她的全身營養素檢測結果，確定有維生素D、ω-3脂肪酸及維生素E不足，所以另外幫她補充維生素D、ω-3脂肪酸及維生素E。此外，再加上薑黃素，以減少胰島β細胞繼續受到破壞。

經過她們積極的配合，目前這一年來，胰島素的需求量已減少到少於每天每公斤體重〇．三個單位（≦0.3 U/kg/day）。希望這個美麗的蜜月期，能夠一直持續下去。

兒童醫學小教室

如何延緩高風險兒童進入高血糖階段？

預防勝於治療，醫界現在正努力尋找：已帶有第一型糖尿病基因的兒童，究竟是何種環境因素誘發他們發病；以及一旦被誘發發病後，有無方法讓胰島β細胞減少或停止受到破壞。

如果家中已經有一孩童確診為第一型糖尿病的第一或第二階段，除了上述的某些特定營養素外，目前已有一些藥物被提出可以讓胰島β細胞減少受到破壞，讓孩子能延緩或不會進入胰島素分泌量不足的高血糖第三階段！

這裡要強調的是：極少有孩子在第一、二階段時，就被診斷出有第一型糖尿病；絕大多數都是有了高血糖症狀，才能夠被診斷出來。下列介紹的預防藥物是否適用於第三階段孩子，仍需要更多臨床實證；但這些預防性藥物仍是目前研究上熱門的課題。

1. **免疫調節劑**：包含硫唑嘌呤（Azathioprine）、環孢素（Cyclosporine）、黴酚酸酯（Mycophenolate mofetil）。
2. **單株抗體**：包含特雷珠單抗（Teplizumab）、奧替利珠單抗（Otelixizumab）、利妥昔單抗（Rituximab）。
3. **抗發炎製劑**：α型干擾素（IFN-α）、腫瘤壞死因子α抑制劑（TNF-α inhibitors）。
4. **胰島素**治療。

CH9

兒童白血病

是兒童癌症發生率首位

八歲大的怡君，平日十分活潑好動，不過這幾週她反常地頻頻喊累。身為職業婦女的媽媽，直覺認為可能是她沉迷於手機，最近太晚睡造成，並不以為意。直到有一天假日，怡君爬樓梯爬個幾階，就虛弱到無力再爬上去，媽媽發覺怡君臉色有些蒼白，這才驚覺不妙！

就醫做了一系列檢查，確定怡君是得了急性淋巴性白血病。醫師宣布病情的當下，怡君媽媽頓時覺得五雷轟頂，接著是無盡的自責情緒在內心翻滾。在怡君面前她仍然堅強自若，但是晚上孩子睡了，她卻常傷心淚流到天明。

雖然醫師說怡君這型的白血病存活率可達九成，但是怡君媽媽仍然下定決心辭了工作，專心陪伴怡君度過這段抗癌的日子。除了謹遵醫囑外，擁有博士學歷的她，也時時上網查詢，是否有任何科學實證方法，可以幫助怡君順利接受化療及放療，並減少副作用及併發症。

病情分析

致病原因不明，但高風險者有跡象可循

兒童惡性腫瘤的發生率中以兒童白血病（Leukemia in children，俗稱血癌）居於首位，占所有兒童腫瘤的三十％左右。兒童白血病中，如同怡君一樣，大多數是兒童急性淋巴性白血病（Acute lymphoblastic leukemia），每年台灣有約一百多位新發病兒童。

兒童的急性淋巴性白血病，約是急性骨髓性白血病（Acute myeloid leukemia）的五倍；其中B淋巴球型約占八十五％，T淋巴球型約占十～十五％；急性淋巴性白血病最常發生在二至五歲兒童，男孩又比女

孩多。

絕大多數白血病兒童，其致病原因不明。少數孩子可能和環境因素及基因遺傳有關。有研究指出：如果父親年紀較大、母親有流產病史、出生體重較重，則小孩得到白血病風險較高。

另外，罹患特定疾病者，例如唐氏症患者、神經纖維瘤第一型患者或共濟失調微血管擴張症候群（Ataxia telangiectasia）患者的白血病風險也會較高。還有一些位於 *PAX5*、*ETV6* 及 *TP53* 的罕見生殖細胞系突變（Germline mutation），以及位於 *ARD5B*、*CDKN2A* 及 *IKZF1* 的基因多型性（polymorphic variants）變異，也會使得白血病風險較高。

一、初始發病症狀：淋巴結腫大、骨關節疼痛、發燒等

孩子初始發病症狀其實並無任何特殊之處。據統計，一半以上的白血病兒童在發病時，至少有下列五項之一的表現：肝腫大、脾腫大、蒼白、發燒或瘀青。其他可能症狀還包括：淋巴結腫大、骨關節疼痛、

頭痛、睪丸腫大、頭頸部腫脹、上肢腫脹、吞嚥困難或呼吸困難。

二、初步檢查為全血細胞計數、白血球分類計數、骨髓

實驗室初步檢查包括全血細胞計數及白血球分類計數、血液抹片及骨髓檢查。如果是以淋巴結腫大為發病時主要表現，則使用切除性切片或粗針切片作為起始檢查項目。

病情診斷

白血病類型與化放療效果評估，決定治療成效

兒童白血病診斷

診斷白血病種類，依靠來自周邊血液、骨髓、淋巴結或其他組織的典型血癌細胞型態學及免疫表型。

鑑別診斷包括：其他惡性腫瘤，諸如伯基特淋巴瘤（Burkitt lymphoma）、急性骨髓性白血病、急性未分化細胞白血病（Acute undifferentiated leukemia）及慢性骨髓性白血病（Chronic myeloid leukemia）及再生不良性貧血（aplastic anemia）等；以及非惡性腫瘤疾病，諸如免疫性血小板低下（immune thrombocytopenia, ITP）、愛滋病、感染性單核球增多症（infectious mononucleosis）、百日咳（Pertussis）、骨髓炎（Osteomyelitis）、結核病（tuberculosis, TB）、重金屬中毒（Heavy metal toxicity）、胸腺瘤（Thymoma）及自體免疫性疾病（Autoimmune disease）等。

兒童白血病治療前評估

一旦確定為白血病，在治療之前，還需接受血液等相關檢查以及化療藥物的影響評估。

血液檢查包括：凝血功能、電解質、肝腎功能、鈣、磷、尿酸及乳酸去氫酶。此外，還需接受腦脊髓液的細胞學檢查，必要時輔以中樞神經影像學檢查。如果孩子有發燒，感染評估及處理是絕對必要而且優先的措施。

此外，因應某些化療藥物可能影響心臟，心臟功能評估也是必要的檢查。如果是急性T淋巴球型白血病，還需要做胸腔電腦斷層，以排除縱膈腔腫瘤（mediastinal tumor）。有些專家建議：如果評估可能治療效果不佳，此時要先做人類白血球抗原分型（human leukocyte antigen typing, HLA typing），以備日後骨髓移植所需。

整體療法

治療兒童白血病的三大重點對策

急性淋巴性白血病孩子發病時可能有急性感染、嚴重貧血或出血傾向與腫瘤崩解症候群（tumor lysis syndrome）。當孩子發病之急性症狀均已獲得控制，接著便要照著孩子疾病危險群的分類，給予不同強度的化學藥物治療，這也是影響預後的最重要因素！

白血病的治療策略在於使疾病先得到「緩解」，接下來便是藉由定期的治療（所謂的鞏固及維持療法），以達到痊癒。一般急性淋巴性白血病的治療總療程約需二至三年。

一、藥物治療在不同階段，治療策略會不同

在台灣，目前治療方法採行「台灣兒童癌症研究群」（Taiwan Pediatric Oncology Group, TPOG）的治療方案。要成功治療白血病需在不同階段給予多種化療藥物，大致可分為引導緩解療法（Induction therapy）、鞏固療法（Consolidation therapy）、中樞神經系統的預防（CNS prophylaxis）、維持期（Maintenance therapy or Continuation therapy）。原則上，若屬於預後越差的類型，化療藥物強度就會越強。

關於兒童白血病預後，根據二〇一六年台灣兒童癌症研究群公布治療急性淋巴性白血病的五年無事故存活率為八十七％。而在急性骨髓性白血病的五年無事故存活率為五十一％。

二、自我照護特別要注意個人衛生、避免感染

放療及化療最大副作用之一，是造成白血球偏低，進而導致抵抗力下降，當然就容易感染。此時要特別注意個人衛生：常洗手、不用手摸眼口鼻、不出入公共場所、避免生食，甚至水果都一定要削皮後再食用！

貧血則要多休息，減少活動。坐著或躺著站起時，動作要慢，以避免昏倒。多吃深綠色蔬菜、紅肉及肝臟，多攝取維生素C。

血小板偏低則要注意身體別受到外傷或撞擊、刷牙注意牙齦出血、不挖鼻孔、別服用阿斯匹靈等藥物。

為減少噁心嘔吐副作用，萬一健保條件不允許，仍需考慮自費使用較有效果的止吐劑。另外，維持環境安靜及適當照明、保持空氣流通、必要時淨化空氣或給予自然薰香，都可以舒緩噁心嘔吐。

食慾不振可以少量多餐，並給予容易咀嚼消化的食物。另外在條件允許下多活動，以增加食慾。還可以變化口味及烹調方式，有可能的話，食物以高蛋白及高熱量為主，必要時給予營養補充品。

如果出現牙齦、舌頭、口腔及喉嚨黏膜疼痛或潰瘍時，請選擇軟質、溫和性飲食（如稀飯、布丁、豆花）或流質食物（如牛奶、豆漿、營養補充品或將食物打成糊狀），同時應避免過熱、辛辣、油炸、硬質的食物。

為避免便祕，一定要多攝食蔬果、多喝水、適度運動。必要時用軟便藥，並避免通腸，以免肛門受傷感染。

腹瀉時要避免油膩食物、鮮乳、果汁；最好給予稀飯、蘋果、白吐司、白饅頭等。使用濕紙巾以按壓方式或清水清潔肛門口，避免肛門破皮感染。

三、化療或放療時，需要補充營養

白血病孩子在化療及放療期間，會碰到體重急速下降、體力與免疫力變差等問題。營養不良嚴重者，醫師考量體力不足所可能產生的併發症，也許會延後甚至中斷白血病治療，結果不僅無法達到預期的療效，還可能威脅生命。

白血病孩子體重減輕，除了會造成生活品質下降外，也會使得治療的預後變差；接受白血病化療及放療時，原本就需要營養能量補充，如果此時病童體重在下降中，又因為種種因素造成營養無法吸收，會使得情況雪上加霜。

兒童白血病不開藥的處方箋

近年來在基因營養功能醫學上發現，有許多營養素對於白血病兒童治療有益。如果想另外補充營養素，可以視孩子狀況先考慮維生素D、硒、ω-3脂肪酸、麩醯胺酸、鋅及益生菌，有助益的營養素羅列如下：

① 急性白血病兒童補充鋅，可降低感染發燒次數及增加體重[1]。

② **維生素E**，可作為降低急性淋巴性白血病兒童化療副作用的輔助治療[2]。

③ **維生素D_3**，可以抑制急性骨髓性白血病細胞的增殖[3]。

④ **維生素C**可以藉抑制白血病幹細胞，而使急性骨髓性白血病細胞降低進展及增殖[4]。

⑤ 白血病兒童，體內**維生素B_6**過低[5]。

⑥ **牛磺酸**可緩解急性淋巴性白血病患者，因化療造成的噁心和嘔吐[6]，以及降低感染發燒次數[7]。

⑦**金雀異黃酮**，可以抑制急性骨髓性白血病細胞的增殖，及誘發細胞凋亡[8]。

⑧**水飛薊素**可預防急性淋巴性白血病兒童，因化療藥物而造成的心臟毒性[9]。

⑨**硒**可藉由調節類花生酸（Eicosanoid）代謝，而達到引發白血病細胞凋亡[10]。

⑩**黃芩**（*Scutellaria baicalensis*）可以抑制急性淋巴性白血病細胞的增殖，及誘發細胞凋亡[11]。

⑪大米蛋白中的**醇溶蛋白**（Prolamin），可抑制白血病細胞的生長[12]。

⑫**紅景天**（*Rhodiola rosea*）可使白血病細胞凋亡[13]。

⑬**白藜蘆醇**可以選擇性地使白血病細胞凋亡[14]。

⑭**槲皮素**可藉由凋亡、自噬及細胞週期停滯等方式，抑制白血病細胞[15]。

⑮二〇一九年最新研究顯示：**益生菌**可減緩急性白血病兒童在接受引導緩解期化療時的腸胃副作用[16]。

⑯**石榴**（Pomegranate）可以藉由凋亡及細胞週期停滯等方式，抑制白血病細胞[17]。

⑰**鮑魚菇**（Pleurotus ostreatus ）可以抑制白血病細胞[18]。

⑱**齊墩果酸**可以誘發白血病細胞產生凋亡[19]。

⑲補充**菸鹼酸**，可以預防接受其他癌症化療的患者，產生白血病[20]。

⑳**紅麴**可以抑制白血病細胞生長[21]。

㉑急性淋巴性白血病兒童，治療後期常出現生長遲緩及**銅**不足的現象[22]。

㉒**檸檬香蜂草**（Melissa officinalis）可以誘發白血病細胞產生凋亡[23]。

㉓**褪黑激素**可以限制白血病細胞生長[24]。

㉔慢性缺乏**鎂**及**鋅**，和急性淋巴性白血病有相關性[25]。

㉕**枸杞**（Lycium barbarum）可以誘發白血病細胞產生凋亡[26]。

㉖**檸烯**可以抑制白血病細胞的增殖，及誘發細胞凋亡[27]。

㉗**香菇**可以抑制白血病細胞的增殖[28]。

㉘ **大豆異黃酮**可以抑制T細胞白血病的細胞生長[29]。

㉙ **依普黃酮**（Ipriflavone）可治療抗藥性的急性白血病[30]。

㉚ **肌醇**可以抑制慢性骨髓性白血病細胞的增殖[31]。

㉛ **芥蘭素**可用來作為急性淋巴性白血病的化療輔助治療[32]。

㉜ **啤酒花**（Humulus lupulus）萃取物，可治療具抗藥性的急性淋巴性白血病[33]。

㉝ **葡萄籽**萃取物，可以誘發白血病細胞凋亡[34]。

㉞ **甘草酸**可以誘發白血病細胞凋亡[35]。

㉟ 急性淋巴性白血病兒童，接受**麩醯胺酸**加強之營養補給配方，可改善整體營養狀態，並增進免疫功能[36]。

㊱ **葡萄糖胺**可以誘發慢性骨髓性白血病細胞的凋亡[37]。

㊲ **人蔘**（Ginseng）可以藉誘發白血病細胞凋亡而抗癌[38]。

㊳ 薑的萃取物**薑烯酚**（6-shogaol），可以抑制白血病細胞生長，並誘發白血病細胞凋亡[39]。

㊴**赤靈芝**（Ganoderma lucidum）可以誘發白血病細胞凋亡[40]。

㊵**γ-次亞麻油酸**，可以誘發慢性淋巴性白血病細胞凋亡[41]。

㊵**茯苓**（Fu-Ling）可以抑制白血病細胞的增殖[42]。

㊷缺乏**葉酸**會增加白血病發生率[43]。

㊸魚油中的**二十二碳六烯酸**，可以誘發急性淋巴性白血病細胞產生凋亡[44]。

㊹**葫蘆巴籽**（Fenugreek Seed）有抗慢性淋巴性白血病作用[45]。

㊺**問荊**（Equisetum arvense）可誘發白血病細胞產生凋亡[46]。

㊻綠茶中富含的**沒食子兒茶素沒食子酸酯**，可以抑制淋巴性白血病細胞增殖，並誘發凋亡[47]。

㊼莓果中富含的**鞣花酸**，可誘發白血病細胞產生凋亡[48]。

㊽**薑黃素**可誘發急性淋巴性白血病細胞產生凋亡[49]。

㊾**雲芝**（Coriolus versicolor）可誘發白血病細胞產生凋亡[50]。

㊿媽媽在懷孕期間，多攝取**類胡蘿蔔素**及**穀胱甘肽**，可降低孩子將來罹患急性淋巴性白血病風險[51]。

(51) **肉桂**（Cinnamon）可以藉由抑制生長、凋亡及細胞週期停滯等方式，治療白血病[52]。

(52) 咖啡中富含的**綠原酸**，可誘發白血病細胞產生凋亡[53]。

(53) 綠茶中富含的**兒茶素**，可誘發慢性骨髓性白血病細胞死亡[54]。

(54) **β-胡蘿蔔素**可誘發急性白血病細胞產生凋亡[55]。

(55) 急性白血病兒童在治療期間，體內**肉鹼**會減少[56]。

(56) **印度乳香**（Boswellia serrata）可以抑制白血病細胞生長[57]。

(57) **藍莓**有抗急性骨髓性白血病細胞作用[58]。

(58) **苦瓜**可誘發白血病細胞產生凋亡[59]。

(59) **黃耆**（Astragalus membranaceus）可使白血病細胞產生凋亡[60]。

(60) **穿心蓮**（Andrographis paniculata）可以抑制T細胞急性淋巴性白血病（T-cell acute lymphoblastic leukemia）細胞的生長[61]。

(61) **翠葉蘆薈**（Aloe vera）可誘發急性骨髓性白血病細胞產生凋亡[62]。

效果見證

恢復腸道功能、補充營養素，成功克服化放療副作用

怡君的化放療之路，開始時沒有期望中的順利，求診之前近三個月的療程，中間已出現兩次，因為白血球過低誘發感染發燒，而不得不暫緩療程，所以求診時尚在鞏固療法治療期間。那時她還處在掉髮的階段，來諮詢的主要問題包括：口腔黏膜潰瘍、食慾差、腹瀉及體重下降等常見治療副作用。

其實，癌症病患在癌症治療期間，常會碰到體重急速下降、體力與免疫力變差等問題。營養不良嚴重者，醫師考量體力不足所可能產生的併發症，也許會延後甚至中斷癌症治療，結果不僅無法達到預期的療效，還可能威脅生命。

當務之急，是趕快恢復腸胃道功能，進而才能補充營養，好面對漫長抗癌之路。所以囑咐怡君：暫時勿進食油膩食物、鮮奶及果汁，代之以稀飯、吐司、饅頭等清淡食物為主。並處方麩醯胺酸、益生菌及魚油，幫助她加速修復，因為放化療造成的口腔及腸胃道黏膜細胞損

傷，並且恢復食慾。接著腹瀉改善後，再請她飲用易消化吸收的乳清蛋白胺基酸粉，每天補充優質蛋白，以恢復體力。

待她食慾及體力恢復，再度開始療程時，讓她補充硒以及她不足的鋅、維生素D及維生素C，以便抑制白血病細胞，而且可以降低感染發燒次數。

目前怡君的治療已經進入維持期，雖然有時化療後白血球仍會下降，但是基本上已經沒有再出現感染及發燒，體重及胃口也恢復到化療之前水準！媽媽表示她十分慶幸，當初沒有聽眾多親友的各種另類醫療意見，而是選擇有醫學科學實證的營養醫學，作為輔助療法。我也為怡君病情的日漸進步，感到非常欣慰。

附錄一 富含特定營養素的食物

使用說明：
營養素先簡單分為下列四大類：蛋白質及胺基酸、維生素、礦物質及其他類營養素。接著在營養素所屬種類中，可以找到對孩子病情有益的營養素，以及富含該營養素的食物。原則上，排名越前的食物，在同樣重量中，該營養素含量越高（營養素以注音符號排序）。

蛋白質及胺基酸

- **丙胺酸**（Alanine）：海苔、紅毛苔、小魚干、紫菜、豬皮、牛筋、小麥胚芽、豬腳、豬耳朵、豬肉、鴕鳥肉、鮭魚、蝦子、海螺、豬尾巴、牛肉、黃豆、髮菜
- **白胺酸**（Leucine）：乾酪、海苔、奶粉、淡菜、麵筋、紅毛苔、黃豆、豆干、鯖魚、豬肉、瓜子、牛肉、南瓜子、花生、鴕鳥肉、鮭魚、雞肉、小麥胚芽、鯛魚、鯧魚
- **半胱胺酸**（Cysteine）：魚肉、豬肉、海鮮、蝦子、內臟、魚卵
- **苯丙胺酸**（Phenylalanine）：麵筋、蝦米、奶粉、花生、海苔、黃豆、瓜子、豆干、南瓜子、花生、葵瓜子、紅毛苔、杏仁、綠豆、豬肉、乾酪、紅豆、雞肉
- **脯胺酸**（Proline）：麵筋、乾酪、豬皮、奶粉、牛筋、乳酪、豬腳、豬耳朵、櫻花蝦、豬尾巴、蝦米、雞腳、小麥、黃豆、海苔、淡菜、紫菜、花生、豆干
- **麩醯胺酸**（L-Glutamine）：牛肉、雞肉、豬肉、魚肉、雞蛋、牛奶、乳製品、堅果、豆類、菠菜
- **麩胺酸**（Glutamate）：乳酪、奶粉、葵瓜子、黃豆、瓜子、花生、杏仁、南瓜子、海苔、葵瓜子、芝麻、鯖魚、豬肉、腰果、小麥、菠菜、亞麻仁子、小麥胚芽、鴕鳥肉、牛肉
- **大米蛋白**（Rice protein）：稻米
- **天門冬胺酸**（Aspartic acid）：海苔、黃豆、花生、豆干、紅毛苔、鯖魚、瓜子、南瓜子、杏仁、乾酪、豬肉、小麥胚芽、髮菜、鮭魚、海螺、鴕鳥肉、牛肉、紫菜、鯛魚、鯧魚、雞肉、帶魚
- **離胺酸**（Lysine）：豬肉、鴕鳥肉、牛肉、鮭魚、鯛魚、奶粉、海苔、鯧魚、竹筴魚、雞肉、黃豆、帶魚、小黃魚、鴨肉、鯖魚
- **酪胺酸**（Tyrosine）：乾酪、奶粉、海苔、花生、紅毛苔、麵筋、黃豆、豆干、鯖魚、南瓜子、瓜子、豬肉、鮭魚、紫菜、牛肉、螃蟹、鴕鳥肉、鴨肉
- **胱胺酸**（Cystine）：麵筋、豬肚、牛肉、豬肉、雞蛋、肝臟、干貝、小麥胚芽、小魚干、牛肚、雞肉、豬腳、羊肉、腰子、豬耳朵、黃豆、紫菜、鴨肉、瓜子、雞肉、花生
- **甘胺酸**（Glycine）：豬皮、牛筋、豬耳朵、豬腳、櫻花蝦、豬尾、小魚干、雞腳、蝦米、海苔、花生、豆干、牛肚、瓜子、豬肚、淡菜、海螺、蝦子、紫菜

- **甲硫胺酸**（Methionine）：海苔、鮭魚、奶粉、鯧魚、豬肉、帶魚、黃魚、鴕鳥肉、鯛魚、牛肉、鯖魚、火雞肉、雞肉、虱目魚、南瓜子、鱸魚
- **纈胺酸**（Valine）：海苔、奶粉、乾酪、櫻花蝦、紅毛苔、鯖魚、黃豆、紫菜、麵筋、瓜子、豬肉、小麥胚芽、豆干、鮭魚、南瓜子、葵瓜子、花生
- **精胺酸**（Arginine）：瓜子、南瓜子、花生、海苔、黃豆、芝麻、葵瓜子、杏仁、核桃、腰果、小麥胚芽、豆干、蝦子、海螺、豬肉、豬腳、豬皮、鯖魚
- **5-羥色氨酸**（L-5-Hydroxytryptophan）：由色胺酸代謝而來。白鳳豆、淡菜、紅毛苔、大紅豆、瓜子、干貝、海苔、黃豆、火雞肉、鱸魚、小魚干、豆腐、豆干、蝦米、白帶魚、鮭魚、南瓜子、花生、腰果
- **乳清蛋白**（whey）：水解乳清蛋白、分離乳清蛋白、濃縮乳清蛋白、牛奶。
- **組胺酸**（Histidine）：海鱺、虱目魚、鯖魚、竹筴魚、秋刀魚、干貝、蝦米、牛肉、羊肉、奶酪、豬肉、鯛魚、雞肉、火雞肉、黃豆、鮭魚、雞蛋
- **絲胺酸**（Serine）：海苔、奶粉、麵筋、櫻花蝦、黃豆、南瓜子、花生、瓜子、豆干、蛋黃、小麥胚芽、蓮子、綠豆、紫菜、鯖魚、白鳳豆、豬肉
- **蘇胺酸**（Threonine）：海苔、紅毛苔、蝦米、奶粉、干貝、鯖魚、黃豆、豬肉、紫菜、髮菜、牛肉、小麥胚芽、鮭魚、豆干、鴕鳥肉、雞肉、鴨肉、鯛魚
- **色胺酸**（Tryptophan）：白鳳豆、淡菜、紅毛苔、大紅豆、瓜子、干貝、海苔、黃豆、火雞肉、鱸魚、小魚干、豆腐、豆干、蝦米、白帶魚、鮭魚、南瓜子、花生、腰果
- **異白胺酸**（Isoleucine）：淡菜、乾酪、海苔、黃豆、豆干、鯖魚、麵筋、豬肉、瓜子、牛肉、瓜子、葵瓜子、鴕鳥肉、鮭魚、南瓜子、雞肉
- **優質蛋白質**（High quality protein）：雞蛋、牛奶、魚、雞肉、牛肉、羊肉、豬肉、黃豆製品

維生素

- **泛酸**（Pantothenic acid）：酵母菌、肝臟、腰子、雞肉、蛋、魚肉、番薯、全麥麵包、牛奶、豌豆、花椰菜、蘑菇
- **膽鹼**（又名膽素，Choline）：雞蛋、乳製品、牛肉、雞肉、魚肉、堅果類、黃豆、花椰菜、甘藍、蘑菇、藜麥
- **肌醇**（Inositol）：小麥胚芽、豌豆、柳橙、哈密瓜、葡萄柚、桃子、肝臟、高麗菜、地瓜、葡萄乾
- **生物素**（Biotin）：肝臟、腰子、酵母菌、蛋、雞肉、全麥麵包、羊肉、豬肉、白米、乳製品、牛肉
- **葉酸**（Folate）：竹笙、肝臟、海苔、酵母菌、黑豆、綠豆、紫菜、香菇、小麥胚芽、葵瓜子、菠菜、花生、白木耳、蛋黃、韭菜、空心菜

- **菸鹼素（Niacin，包括菸鹼酸 Nicotinic acid，及菸鹼醯胺 Nicotinamide 兩種成分）**：香菇、竹笙、花生、肝臟、酵母菌、海苔、牛肉、豬肉、雞肉、魚類、蛋、牛奶、乳酪、堅果、糙米、胚芽米、紫菜
- **維生素A（Vitamin A）**：肝臟、魚肝油、胡蘿蔔、空心菜、番薯、菠菜、乳酪、蛋黃、鮭魚、南瓜、黑豆、青花椰菜、彩椒
- **維生素B_1（Vitamin B_1，又稱硫胺素）**：糙米、胚芽米、小麥胚芽、葵瓜子、麥片、酵母菌、豬肉、鵝肉、香菇、花生、芝麻、腰果、黃豆、綠豆、黑豆、燕麥
- **維生素B_2（Vitamin B_2）**：肝臟、麥片、海苔、竹笙、香菇、紫菜、腰子、九孔、酵母、螃蟹、蛤蠣、木耳、杏仁、蛋黃、金針、乳酪、小麥胚芽
- **維生素B_6（Vitamin B_6）**：愛玉子、金針、海茸、麥片、大蒜、螃蟹、海帶芽、胚芽米、小麥胚芽、花生、葵瓜子、酵母菌、木耳、開心果、香菇、肝臟
- **維生素B_{12}（Vitamin B_{12}）**：海苔、九孔、紅毛苔、紫菜、肝臟、小魚干、蛤蠣、牡蠣、魚卵、竹筴魚、鯖魚、腰子、秋刀魚、蝦、小卷、章魚、干貝、鮭魚、螃蟹
- **維生素C（Vitamin C）**：香椿、芭樂、彩椒、釋迦、龍眼、奇異果、甜柿、香菜、甘藍芽、木瓜、草莓、柳橙、番茄、荔枝、楊桃、花椰菜、苦瓜、羽衣甘藍、芽菜、芥藍、菠菜
- **維生素D（Vitamin D，須配合每日曬太陽十五分鐘）**：肝臟、魚肝油、牛奶、乳酪、蛋黃、鮭魚、沙丁魚、鯖魚、胡蘿蔔、菠菜、蘑菇、黑木耳、香菇
- **維生素E（Vitamin E）**：各種植物油、葵花子、榛子、杏仁、核桃、芝麻、小麥胚芽、花生、黃豆、南瓜子
- **維生素K（Vitamin K）**：菠菜、空心菜、甘藍菜、綠豆、萵苣、青花椰菜、香菜、蓮藕、豌豆、胡蘿蔔、肝臟、魚肝油、乳酪、蛋黃

礦物質

- **鉬（Molybdenum）**：豌豆、綠豆、深綠色蔬菜、糙米、肝臟、腰子
- **鎂（Magnesium）**：海茸、海帶、南瓜子、瓜子、葵瓜子、巧克力、紫菜、芝麻、櫻花蝦、海苔、小麥胚芽、杏仁、腰果、蝦、松子、腰果、花生、魚肉、黃豆
- **錳（Manganese）**：亞麻仁子、薑、茶、鷹嘴豆、薑黃、榛子、芝麻、小麥胚芽、松子、木耳、蓮子、香菇
- **氟（Fluorine）**：雞肉、魚肉、芋頭、山藥、樹薯
- **碘（Iodine）**：加碘鹽、海苔、海帶、紫菜、海魚、蛤蠣、蝦子、螃蟹、干貝、魚肝油
- **鐵（Iron）**：紅毛苔、紫菜、肝臟、髮菜、豬血、鴨血、海苔、巧克力、竹笙、豬血糕、紅莧菜、南瓜子、酵母菌、黑芝麻、腰子

- **銅**（Copper）：亞麻仁子、香菇、鴨蛋、雞蛋、腰果、番藷、梨、豌豆
- **磷**（Phosphorus）：酵母菌、豬腳、南瓜子、櫻花蝦、小麥胚芽、瓜子、猴頭菇、海苔、小魚干、木耳、芝麻、干貝、牛奶、蛋黃、吻仔魚
- **鉻**（Chromium）：鮭魚、鯖魚、蝦子、肝臟、腰子、心臟、雞肉、雞蛋、綠花椰菜、黃豆、豬肉、鴨肉、大麥、香菇、蘿蔔、牛肉、羊肉、豌豆
- **氯**（Chlorine）：蔥、青椒、茄子、龍鬚菜、韭菜、絲瓜、洋蔥、苦瓜、黃瓜、冬瓜、豌豆
- **鈣**（Calcium）：櫻花蝦、小魚干、芝麻、蝦皮、髮菜、乳酪、牛奶、豆干、海帶、紫菜、杏仁、甘藍菜、紅毛苔、豆腐、吻仔魚、菠菜
- **鉀**（Potassium）：低鈉鹽、紅毛苔、海帶、巧克力、芹菜、猴頭菇、紫菜、海苔、木耳、銀耳、竹笙、豆類、蔬菜、水果
- **硒**（Selenium）：肝臟、腰子、海魚、螃蟹、蝦子、豬肉、大蒜、糙米、大麥、鮮蘑菇
- **鋅**（Zinc）：牡蠣、小麥胚芽、豬腳、螃蟹、南瓜子、木耳、肝臟、魚卵、香菇、牛肉、松子、小魚干、酵母菌、淡菜、腰果、瓜子、蛤蠣

其他類營養素

- **表沒食子兒茶素沒食子酸酯**（Epigallocatechin Gall ate）：綠茶、紅茶、黑葡萄、黑莓
- **白藜蘆醇**（Resveratrol）：葡萄的果皮和種子、紅葡萄酒、藍莓、覆盆子、桑椹、鳳梨、花生
- **蘋果酸**（Malic acid）：蘋果、山楂、葡萄
- **葡萄糖胺**（Glucosamine）：蝦子、螃蟹、雞翅、山藥、木耳、海藻、海帶、軟骨
- **輔酶Q_{10}**（Coenzyme Q10）：鯖魚、沙丁魚、牛肉、雞肉、黃豆、橄欖油、花生、胡桃、腰果、菠菜、花椰菜
- **對胺基安息香酸**（p-Aminobenzoic acid, PABA）：肝臟、腰子、啤酒酵母、全麥麵包、蘑菇
- **大豆異黃酮**（Soy Isoflavones）：黃豆、豆漿、豆腐、豆干、豆粉、素肉、納豆、味噌
- **甜菜鹼**（Betaine）：藜麥、甜菜、全麥麵包、菠菜、義大利麵、葵瓜子、番薯、肝臟、牛肉、雞肉、杏鮑菇、羊肉、蘑菇
- **褪黑激素**（Melatonin）**原料**（**含有色胺酸** Tryptoph an，**及血清素** Serotonin **的食物**）：核桃、玉米、糙米、薑、花生、燕麥、蘆筍、番茄、洋蔥、黃瓜、櫻桃、香蕉、牛奶、芝麻、南瓜子、杏仁果

- **牛磺酸**（Taurine）：鯖魚、竹筴魚、沙丁魚、蛤蠣、牡蠣、蝦子、章魚、紫菜、肝臟、心臟
- **檸檬酸**（Citric acid）：檸檬、柳橙、橘子、番茄、葡萄柚、草莓、梅子
- **檸烯**（Limonene）：柑橘屬果皮
- **綠原酸**（Chlorogenic acid）：咖啡、蘋果、梨、桃、櫻桃、葵瓜子、馬鈴薯、番薯、大豆、小麥、綠茶
- **類黃酮**（Flavonoids）：柑橘類水果、蘋果、梨子、茶、草莓、葡萄、西洋芹、香菜、黃豆
- **穀胱甘肽**（Glutathione，**生食含量較高**）：蘆筍、酪梨、菠菜、秋葵、花椰菜、哈密瓜、番茄、紅蘿蔔、葡萄柚、柳橙
- **果寡糖**（Fructooligosaccharides）：洋蔥、蘆筍、牛蒡、香蕉、小麥、黃豆、大蒜
- **D-甘露醣**（D-Mannose）：蔓越莓、蘋果、橘子、桃子、花椰菜、四季豆
- **柑橘生物類黃酮**（Citrus Bioflavonoids）：柳橙、檸檬、葡萄柚、橘子
- **甘草甜素**（Glycyrrhiza）：甘草
- **甘草酸**（Glycyrrhizic acid）：甘草
- **槲皮素**（Quercetin）：洋蔥、檸檬、柳丁、蘋果、青椒、番茄、綠茶、葡萄皮、柑橘類水果
- **β-胡蘿蔔素**（beta-Carotene）：海苔、胡蘿蔔、番薯、香椿、香菜、小番茄、紅杏菜、菠菜、芥藍、萵苣、南瓜、地瓜葉、芒果、哈密瓜、韭菜、甜椒、豌豆、綠花椰菜
- **紅麴**（Monascus purpureus）：紅麴米、紅糟肉、紅麴腐乳
- **肌酸**（Creatine）：鯡魚、豬肉、牛肉、鮭魚、鮪魚、鱈魚
- **甲基硫醯基甲烷**（Methylsulfonylmethane，MSM）：大蒜、洋蔥、韭菜、高麗菜、綠花椰菜、水果、肉類、魚類、牛奶
- **芥蘭素**（Indole-3-Carbinol）：青花椰菜、花椰菜、大白菜、小白菜、紫甘藍、結球甘藍（即高麗菜）、羽衣甘藍、芥菜、油菜、白蘿蔔、萵苣、櫻桃蘿蔔
- **膠原蛋白II型**（Collagen Type II）：雞軟骨、雞腳、豬耳朵、豬腳
- **金雀異黃酮**（Soy Genistein）：豆腐、豆漿、毛豆、味噌
- **薑黃素**（Curcumin）：薑黃、咖哩、黃芥末、薑
- **齊墩果酸**（Oleanolic acid）：橄欖油、橄欖
- **茄紅素**（Lycopene）：番茄醬、番茄汁、番茄、紅芭樂、木瓜、西瓜、葡萄柚
- **消化（食物）酵素**（Digestive enzymes）：鳳梨、木瓜、奇異果、香蕉、味增、酸菜、蜂蜜、納豆、芽菜、蘋果、

葡萄、草莓、胡蘿蔔、西瓜、酪梨、花椰菜、薑、豆子、小麥等

- **植物固醇**（Phytosterol）：橄欖油、花生油、葵花籽油、芝麻、腰果、杏仁、開心果、南瓜籽、豆類、露筍、椰菜花、橙、香蕉、杏、酪梨
- **茶胺酸**（L-Theanine）：紅茶、綠茶
- **水飛薊素**（Silymarin）：奶薊
- **膳食纖維**（Dietary fiber）：五穀類，包含米、大麥、玉米、燕麥、小麥、蕎麥、裸麥、薏仁等。豆類，包含黃豆、黑豆、紅豆、綠豆等及其製品。根莖類，包含蕃薯、馬鈴薯、芋頭。蔬菜類，包含芹菜、南瓜、酸菜、萵苣、花椰菜、豆苗、洋山芋及莢豆類。水果類，包含橘子、葡萄、李子、葡萄乾、無花果、櫻桃、柿子、蘋果、草莓。
- **生物類黃酮**（Bioflavonoid）：柳橙、檸檬、葡萄柚、橘子、葡萄、草莓、櫻桃、李子、甜瓜、杏、木瓜、胡椒、甘藍，番茄、茶、咖啡、可可、紅酒
- **軟骨素**（Chondroitin）：鰻魚、山藥、納豆、動物軟骨
- **鞣花酸**（Ellagic acid）：黑莓、覆盆子、草莓、蔓越莓、山核桃、石榴、枸杞、葡萄
- **肉鹼（又稱左旋肉酸，L-Carnitine）**：牛肉、羊肉、雞蛋、牛奶、動物內臟
- **α-次亞麻油酸**（α-Linolenic acid, ALA）：亞麻仁油、亞麻仁子、奇亞子、核桃、沙拉油、松子、沙拉醬、芝麻油、沙茶醬、麵筋、花生油、麻油
- **γ次亞麻油酸**（γ-Linolenic acid）：琉璃苣、黑醋栗、月見草
- **異麥芽寡糖**（Isomalto-oligosaccharides, IMO）：大豆、蕃薯、牛蒡、洋蔥、花椰菜
- **益生菌**（Probiotics）：優酪乳、優格、泡菜、德國酸菜、納豆、味噌、乳酪
- **葉黃素**（Lutein）：蘿蔔葉、菠菜、地瓜葉、南瓜、綠花椰菜、胡蘿蔔、蛋、柳丁、番茄、高麗菜
- **魚油（主成分為ω-3脂肪酸，Fish oil, Omega -3 fatty acids）**：秋刀魚、鯖魚、鮭魚、烏魚、石斑魚、鰹魚、肉鯽、白鯧魚、金線魚
- **玉米黃素**（Zeaxanthin）：玉米、南瓜、柳橙、菠菜、芥藍
- **兒茶素**（Catechin）：黑莓、可可粉、黑巧克力、黑葡萄、綠茶、巧克力牛奶、紅茶
- **二十二碳六烯酸**（Docosahexaenoic acid，即 DHA）：鯖魚、秋刀魚、鮭魚、鯧魚、海鱺、小魚干、柴魚、淡菜

蛋白質 公克 (g)		維生素 A 微克 (μg RE)		維生素 D 微克 (μg)	維生素 E 毫克 (mg α-TE)	維生素 K 微克 (μg)	維生素 C 毫克 (mg)
2.3/ 公斤		AI=400		10	3	2.0	AI=40
2.1/ 公斤		AI=400		10	4	2.5	AI=50
20		400		5	5	30	40
30		400		5	6	55	50
40		400		5	8	55	60
男 55	女 50	男 500	女 500	5	10	60	80
70	60	600	500	5	12	75	100
75	55	700	500	5	13	75	100

附錄二 兒童每日膳食營養素建議

表一：兒童每日膳食營養素建議攝取量

營養素	身高 公分 (cm)		體重 公斤 (kg)		熱量 大卡 (kcal)	
0-6 月	男 61	女 60	男 6	女 6	100/ 公斤	
7-12 月	72	70	9	8	90/ 公斤	
1-3 歲 (稍低) (適度)	92	91	13	13	男 1150 1350	女 1150 1350
4-6 歲 (稍低) (適度)	113	112	20	19	1550 1800	1400 1650
7-9 歲 (稍低) (適度)	130	130	28	27	1800 2100	1650 1900
10-12 歲 (稍低) (適度)	147	148	38	39	2050 2350	1950 2250
13-15 歲 (稍低) (適度)	168	158	55	49	2400 2800	2050 2350
16-18 歲 (低) (稍低) (適度) (高)	172	160	62	51	2150 2500 2900 3350	1650 1900 2250 2550

表中未標明 AI（足夠攝取量 Adequate Intakes）值者，即為 RDA（建議量 Recommended Dietary Allowance）值。

	菸鹼素 毫克 (mg NE)		維生素 B_6 毫克 (mg)		維生素 B_{12} 微克 (μg)		葉酸 微克 (μg)	泛酸 毫克 (mg)
	AI=2		AI=0.1		AI=0.4		AI=70	1.7
	AI=4		AI=0.3		AI=0.6		AI=85	1.8
	9		0.5		0.9		170	2.0
	男 12	女 11	0.6		1.2		200	2.5
	14	12	0.8		1.5		250	3.0
	15	15	1.3		男 2.0	女 2.2	300	4.0
	18	15	男 1.4	女 1.3	2.4		400	4.5
	18	15	1.5	1.3	2.4		400	5.0

表一：兒童每日膳食營養素建議攝取量（續）

營養素	身高 公分 (cm)		體重 公斤 (kg)		維生素 B1 毫克 (mg)		維生素 B2 毫克 (mg)	
0-6 月	男 61	女 60	男 6	女 6	AI＝0.3		AI＝0.3	
7-12 月	72	70	9	8	AI＝0.3		AI＝0.4	
1-3 歲	92	91	13	13	0.6		0.7	
4-6 歲	113	112	20	19	男 0.9	女 0.8	男 1	女 0.9
7-9 歲	130	130	28	27	1.0	0.9	1.2	1.0
10-12 歲	147	148	38	39	1.1	1.1	1.3	1.2
13-15 歲	168	158	55	49	1.3	1.1	1.5	1.3
16-18 歲	172	160	62	51	1.4	1.1	1.6	1.2

表中未標明 AI（足夠攝取量 Adequate Intakes）值者，即為 RDA（建議量 Recommended Dietary Allowance）值。

	磷 毫克 (mg)	鎂 毫克 (mg)		鐵 毫克 (mg)	鋅 毫克 (mg)		碘 微克 (μg)	硒 微克 (μg)	氟 毫克 (mg)
	200	AI=25		7	5		AI=110	AI=15	0.1
	300	AI=70		10	5		AI=130	AI=20	0.4
	400	80		10	5		65	20	0.7
	500	120		10	5		90	25	1.0
	600	170		10	8		100	30	1.5
	800	男 230	女 230	15	10		110	40	2.0
	1000	350	320	15	男 15	女 12	120	50	3.0
	1000	390	330	15	15	12	130	55	3.0

表一：兒童每日膳食營養素建議攝取量（續）

營養素	身高 公分 (cm)		體重 公斤 (kg)		膽素 毫克 (mg)		生物素 微克 (μg)	鈣 毫克 (mg)
	男	女	男	女				
0-6 月	61	60	6	6	140		5.0	300
7-12 月	72	70	9	8	160		6.5	400
1-3 歲	92	91	13	13	180		9.0	500
4-6 歲	113	112	20	19	220		12.0	600
7-9 歲	130	130	28	27	280		16.0	800
					男	女		
10-12 歲	147	148	38	39	350	350	20.0	1000
13-15 歲	168	158	55	49	460	380	25.0	1200
16-18 歲	172	160	62	51	500	370	27.0	1200

資料來源：衛生福利部網站

表中未標明 AI（足夠攝取量 Adequate Intakes）值者，即為 RDA（建議量 Recommended Dietary Allowance）值。

<table>
<tr><th></th><th>膽素
毫克
(mg)</th><th>鈣
毫克
(mg)</th><th>磷
毫克
(mg)</th><th>鎂
毫克
(mg)</th><th>鐵
毫克
(mg)</th><th>鋅
毫克
(mg)</th><th>碘
微克
(μg)</th><th>硒
微克
(μg)</th><th>氟
毫克
(mg)</th></tr>
<tr><td></td><td rowspan="2"></td><td rowspan="2"></td><td rowspan="2"></td><td rowspan="2"></td><td rowspan="2">30</td><td>7</td><td rowspan="2"></td><td>40</td><td>0.7</td></tr>
<tr><td></td><td>7</td><td>60</td><td>0.9</td></tr>
<tr><td></td><td rowspan="3">1000</td><td rowspan="6">2500</td><td rowspan="3">3000</td><td>145</td><td rowspan="4">30</td><td>9</td><td>200</td><td>90</td><td>1.3</td></tr>
<tr><td></td><td>230</td><td>11</td><td>300</td><td>135</td><td>2</td></tr>
<tr><td></td><td>275</td><td>15</td><td>400</td><td>185</td><td>3</td></tr>
<tr><td></td><td rowspan="2">2000</td><td rowspan="3">4000</td><td>580</td><td>22</td><td>600</td><td>280</td><td rowspan="3">10</td></tr>
<tr><td></td><td rowspan="2">700</td><td rowspan="2">40</td><td>29</td><td>800</td><td rowspan="2">400</td></tr>
<tr><td></td><td>3000</td><td>35</td><td>1000</td></tr>
</table>

表二：兒童每日膳食營養素上限攝取量

<table>
<tr><th>營養素
單位
年齡</th><th>維生素 A
微克
(μg RE)</th><th>維生素
D
微克
(μg)</th><th>維生素 E
毫克
(mg
α-TE)</th><th>維生素
C
毫克
(mg)</th><th>維生素
B6
毫克
(mg)</th><th>菸鹼素
毫克
(mg NE)</th><th>葉酸
微克
(μg)</th></tr>
<tr><td>0-6 月</td><td rowspan="2">600</td><td rowspan="2">25</td><td rowspan="2"></td><td rowspan="2"></td><td rowspan="2"></td><td rowspan="2"></td><td rowspan="2"></td></tr>
<tr><td>7-12 月</td></tr>
<tr><td>1-3 歲</td><td>600</td><td rowspan="7">50</td><td>200</td><td>400</td><td>30</td><td>10</td><td>300</td></tr>
<tr><td>4-6 歲</td><td rowspan="2">900</td><td rowspan="2">300</td><td rowspan="2">650</td><td rowspan="2">40</td><td>15</td><td>400</td></tr>
<tr><td>7-9 歲</td><td>20</td><td>500</td></tr>
<tr><td>10-12 歲</td><td>1700</td><td>600</td><td>1200</td><td rowspan="2">60</td><td>25</td><td>700</td></tr>
<tr><td>13-15 歲</td><td rowspan="2">2800</td><td rowspan="2">800</td><td rowspan="2">1800</td><td rowspan="2">30</td><td>800</td></tr>
<tr><td>16-18 歲</td><td>80</td><td>900</td></tr>
</table>

資料來源：衛生福利部網站

附錄三

參考文獻

第2章 身材矮小（Short stature）

1. Nature. 2010 Oct 14;467{7317}: 832-8. doi: 10.1038/nature09410.
2. Arch Dis Child. 1984 Jan;59{1}: 78-80.
3. Sports Med. 2002;32{15}: 987-1004.
4. Dermatoendocrinol. 2013 Jan 1; 5{1}: 51-108. doi: 10.4161/derm.24494
5. Clin Endocrinol {Oxf}. 1984 Oct;21{4}: 477-81.
6. N Engl J Med 2012; 367: 904-912
7. EBioMedicine. 2016 Apr; 6: 246–252. doi: 10.1016/j.ebiom.2016.02.030
8. Sci Rep. 2017; 7: 9111. doi: 10.1038/s41598-017-08943-6
9. Am J Clin Nutr. 2004 Oct;80{4}: 973-81.
10. Nutr Res Pract. 2017 Dec; 11{6}: 487-491. doi: 10.4162/nrp.2017.11.6.487
11. Br J Nutr. 2013 Mar 28;109{6}: 1031-9. doi: 10.1017/S0007114512002942.
12. Egyptian Journal of Occupational Medicine 39{1}, January 2015, doi: 10.21608/ejom.2015.814
13. Am J Clin Nutr. 2016 Jul; 104{1}: 191-197. doi: 10.3945/ajcn.115.129684
14. J Health PopulNutr. 2015 May 2;34: 8. doi: 10.1186/s41043-015-0010-4.
15. Nutrients. 2018 Aug; 10{8}: 954. doi: 10.3390/nu10080954
16. Pediatrics. 2015 Apr;135{4}: e918-26. doi: 10.1542/peds.2014-1848.
17. Phytother Res. 2018 Jan;32{1}: 49-57. doi: 10.1002/ptr.5886.
18. Clin Endocrinol {Oxf}. 1993 Aug;39{2}: 193-9.
19. Am J Clin Nutr. 1995 May;61{5}: 1058-61.
20. Metabolism. 1978 Feb;27{2}: 20Ch 8
21. J Sports Med Phys Fitness. 2000 Dec;40{4}: 336-42.
22. J Pediatr Endocrinol Metab. Jan-Feb 1997;10{1}: 5Ch 4

第3章 體重增加緩慢兒（Poor weight gain）

1. Am. J. Clin. Nutr. 75: 1062–1071. 2002
2. Nutrients. 2016 May; 8(5): 253.
3. Br J Nutr. 2018 Oct; 120(7): 820-829. doi: 10.1017/S0007114518002052
4. Arch. Dis. Child. 61: 849-857. 1986
5. Pediatrics. 2015 Apr;135(4): e918-26. doi: 10.1542/peds.2014-1848.

6. J Health PopulNutr. 2015 May 2;34: 8. doi: 10.1186/s41043-015-0010-4.

第 4 章　異位性皮膚炎（Atopic dermatitis）

1. Epidemiology. 2012 May; 23(3): 402-14.
2. Ann Allergy Asthma Immunol. 2008; 101(5): 508.
3. J Allergy Clin Immunol. 2008; 121(1): 116.
4. Journal of Investigative Dermatology, June 2015, 135(6): 1472-4 doi: 10.1038/jid.2014.536
5. J Allergy Clin Immunol. 2014 Oct; 134(4): 831-835.e1.
6. BrJ Dermatol. 2008 Jul; 159(1): 245-7. Epub 2008 Jul 01.
7. J Dermatolog Treat. 2011 Jun; 22(3): 144-50. Epub 2010 Jul 24.
8. JAMA Dermatol. 2013; 149(3): 350-355. doi: 10.1001/jamadermatol.2013.1495
9. Postepy Dermatol Alergol. 2016 Oct; 33(5): 349-352. doi: 10.5114/ada.2016.62841
10. Nutrients. 2018 Oct 1; 10(10).pii: E1390. doi: 10.3390/nu10101390.
11. J Res Med Sci. 2015 Nov; 20(11): 1053-1057. doi: 10.4103/1735-1995.172815
12. Br J Dermatol. 2011; 164: 1078-1082.
13. Nutr Res Pract. 2016 Aug; 10(4): 398-403.
14. Br J Dermatol. 2004 May; 150(5): 977-83.
15. Int Immunopharmacol. 2008 Oct; 8(10): 1475-80. doi:1016/j.intimp.2008.06.004. Epub 2008 Jun 30
16. Int Immunopharmacol. 2014 Dec; 23(2): 617-23.
17. Drug Discov Today. 2016 Apr;21(4): 632-9. doi: 10.1016/j.drudis.2016.02.011. Epub 2016 Feb 22.
18. Toxicol Appl Pharmacol. 2013 May 15; 269(1): 72-80. doi: 10.1016/j.taap.2013.03.001. Epub 2013 Mar 13.
19. Int JDermatol. 2005 Mar; 44(3): 197-202.
20. Ann Dermatol. 2017 Apr; 2 9(2): 251–253.
21. JAMA Pediatr. 2016 Jan; 170(1): 35-42. doi: 10.1001/jamapediatrics.2015.3092.
22. J Dermatol.2016 Oct; 43(10): 1188-1192. doi: 10.1111/1346-8138.13350.
23. Adv Ther. 2014; 31(2): 180-188.
24. Clin CosmetInvestig Dermatol. 2017; 10: 403-411.
25. J Dermatolog Treat. 2003 Sep; 14(3): 153-7.
26. J Invest Dermatol. 2014 Mar; 134(3): 704-711. doi: 10.1038/jid.2013.389.
27. Scand J Immunol. 2011 Jun; 73(6): 536-45.
28. J Ginseng Res. 2017 Apr; 41(2): 134-143.
29. Indian JDermatol. 2011 Nov-Dec; 56(6): 673-677.
30. J Dermatol Sci. 2013 Nov; 72(2): 149-57. doi: 10.1016/j.jdermsci.2013.06.015.
31. Japanese Journal of Complementary and Alternative Medicine 2006;3(1): 1-8

第5章 尿床（nocturnal enuresis）

1. J Pediatr Urol. 2018 Jun;14(3): 257.e1-257.e6.
2. ISRN Urology 2012(1): 789706
3. Australian and New Zealand Continence Journal, The, Vol. 23, No. 1, Autumn 2017: 15-18

第6章 注意力缺失與過動症（Attention-deficit-hyperactivity disorder, ADHD）

1. Environ Res. 2013 Oct;126: 105-10.
2. Pediatrics June 2010, 125 (6) e1270-e1277
3. Environ Pollut. 2018 Apr;235: 141-149
4. Acta Med Croatica. 2009 Oct;63(4): 307-13.
5. Prostaglandins Leukot Essent Fatty Acids. 2002 Jul;67(1): 33-8.
6. Magnes Res. 2006 Mar;19(1): 46-52
7. The Egyptian Journal of Medical Human Genetics (2016) 17, 63–70
8. Pediatr Neurol. 2008 Jan;38(1): 20-6.
9. Paediatr Child Health. 2009 Feb; 14(2): 89-98.
10. Ann Pharmacother. 2018 Jul;52(7): 623-631.
11. Prostaglandins Leukot Essent Fatty Acids. 2006 Jan;74(1): 17-21.
12. Psychiatry and Clinical Psychopharmacology,April 2018 , 29(1): 1-5
13. BJPsych Open. 2016 Nov; 2(6): 377-384
14. Neuropsychiatr Dis Treat. 2011; 7: 31-38.
15. Altern Med Rev. 2011 Dec;16(4): 348-54.
16. Children (Basel). 2014 Dec; 1(3): 261-279.
17. Ann Pharmacother. 2010 Jan;44(1): 185-91.
18. Neuropsychiatr Dis Treat. 2018; 14: 1831-1842.
19. J Clin Res Pediatr Endocrinol. 2016 Mar; 8(1): 61–-66.
20. Redox Rep. 2016 Nov;21(6): 248-53.
21. J Ginseng Res. 2011 Jun; 35(2): 226-234.
22. Prog Neuropsychopharmacol Biol Psychiatry. 2010 Feb 1;34(1): 76-80.
23. Iran J Med Sci. 2018 Jan; 43(1): 9-17.

第7章 自閉症（Autism spectrum disorder）

1. Nat Commun. 2017 Jun 1;8: 15493.
2. Science Discovery 2019; 7(2): 78-81
3. Pediatrics. 2017 Jun;139(6): e20170347. doi: 10.1542/peds.2017-0347.
4. Child Care Health Dev. 2006 Sep;32(5): 585-9.
5. Proc Natl Acad Sci U S A. 2013 Dec 24;110(52): 20953-8.
6. PLoS One. 2013;8(2): e57010. doi: 10.1371/journal.pone.0057010. Epub 2013 Feb 27.

7. Proc Natl Acad Sci U S A. 2014 Oct 28;111(43): 15550-5.
8. Autism Res. 2016 Feb;9(2): 184-203.
9. J Altern Complement Med. 2011 Nov;17(11): 1029-35.
10. Am J OccupTher. Jul-Aug 2009;63(4): 423-32.
11. Autism. 2015 Nov;19(8): 906-14
12. Progress in Neuro-Psychopharmacology & Biological Psychiatry, 17, 765-774.
13. J Child AdolescPsychopharmacol. 2016 Nov;26(9): 774-783.
14. Nutrients. 2016 Jun 7;8(6): 337.
15. Neuropsychiatr Dis Treat. 2017 Oct 4;13: 2531-2543.
16. Int J Mol Sci. 2020 June; 21(11): 4159.
17. Autism Res Treat. 2013;2013: 609705. doi: 10.1155/2013/609705. Epub 2013 Oct 12.
18. ran J Child Neurol. 2016 Autumn; 10(4): 1–9.
19. Clin PsychopharmacolNeurosci. 2015 Aug 31;13(2): 188-93.
20. Rev EndocrMetabDisord. 2017 Jun;18(2): 183-193.
21. Sci Rep. 2018; 8: 14840.
22. Nutr Res. 2011 Jul;31(7): 497-502
23. Brain Res Bull. 2018 Mar;137: 35-40.
24. Metab Brain Dis. 2017; 32(5): 1585–1593.
25. NEUROLOGY-NEUROREHABILITATION.2.2.64-68
26. Neuro Endocrinol Lett. 2002 Aug;23(4): 303-8.
27. Nutr Neurosci. 2019 May 6;1-17.
28. Selenium pp 193-210
29. Neurochem Int. 2017 Feb;103: 8-23.
30. Clin Ther. 2013 May;35(5): 592-602.
31. Bratisl Lek Listy. 2009;110(4): 247-50.
32. Acta Histochem. 2019 Oct;121(7): 841-851.
33. J Diet Suppl. 2009;6(4): 342-6.
34. Life Sci. 2015 Nov 15;141: 156-69.
35. Autism Res Treat. 2013;2013: 578429.
36. Behav Brain Res. 2019 May 17;364: 469-479.
37. Molecules. 2019 Dec; 24(23): 4262. doi: 10.3390/molecules24234262
38. J PhysiolBiochem. 2017 May;73(2): 187-198.

第8章 兒童期糖尿病（第一型糖尿病）（Type 1 diabetes）

1. Oncotarget. 2017 Jan 3; 8(1): 268–284.
2. The American Journal of Clinical Nutrition, Volume 96, Issue 6,December 2012, Pages 1429–1436
3. Front Immunol. 2018 Apr 16;9: 648.
4. J Nutr. 2010 Sep;140(9): 169Ch7
5. Eur J Clin Nutr. 2002 Aug;56 Suppl 3: S50-3.
6. Physiol Rev. 2019 Jul 1;99(3): 1325-1380.

7. Psychol Bull. 2004 Jul; 130(4): 601-630.
8. Altern Ther Health Med. Mar-Apr 2003;9(2): 38-45.
9. J Am Coll Nutr. 2015;34(6): 478-87.
10. Chest. 2000 Oct;118(4): 1150-7.
11. Exp Cell Res. 2018 Jul 15;368(2): 215-224.
12. Arch Intern Med. 2009 Feb 23;169(4): 384-90.
13. Mol Med. 2008 May-Jun; 14(5-6): 353-357.
14. Nutrients. 2018 Nov 1;10(11): 1614.
15. Nutrients. 2017 Nov 3;9(11): 1211.
16. Clin Exp Immunol. 1999 Apr; 116(1): 28-32.
17. Eur J Clin Nutr. 2006 Oct;60(10): 1207-13.
18. J Clin Med. 2018 Sep; 7(9): 258.
19. J Crit Care. 2010 Dec;25(4): 576-81.
20. J Int Soc Sports Nutr. 2019 Feb 15;16(1): 7.
21. Adv Exp Med Biol. 2015;803: 109-20.
22. Chem Biol Interact. 2008 May 28;173(2): 115-21.
23. Sci Rep. 2019 Mar 25;9(1): 5068.
24. Int Immunopharmacol. 2017 Sep;50: 194-201.
25. Cell Metab. 2017 Feb 7;25(2): 345-357.
26. Mol Nutr Food Res. 2008 Nov; 52(11):1273-1280.
27. Sci Rep. 2016 Oct 21;6: 35851.
28. Phytother Res. 2020 Aug;34(8): 1829-1837.
29. Int J Mol Med. 2015 Aug; 36(2): 386-398.
30. Life Sci. 2001 Nov 21;70(1): 81-96.
31. Nutrients. 2016 Mar; 8(3): 167. doi: 10.3390/nu8030167
32. Curr Opin Gastroenterol. 2011 Oct; 27(6): 496-501.
33. Evid Based Complement Alternat Med. 2013; 2013: 606212. doi: 10.1155/2013/606212
34. Eur J Appl Physiol. 2011 Sep;111(9): 2033-40.
35. BMC Complementary and Alternative Medicine 19(1) doi: 10.1186/s12906-019-2483-y
36. Int J Mol Sci. 2019 Oct; 20(20): 5028. doi: 10.3390/ijms20205028
37. Immun Ageing. 2005; 2: 17. doi: 10.1186/1742-4933-2-17
38. Arch Pharm Res. 2007 Jun;30(6): 743-9.
39. Drugs Exp Clin Res. 1995;21(2): 7Ch 8
40. J Med Food. 2009 Oct;12(5): 1159-65.
41. Biol Res. 2014; 47(1): 15. doi: 10.1186/0717-6287-47-15
42. J Nutr. 2005 Dec;135(12): 2857-61.
43. Curr Protein Pept Sci. 2019;20(7): 644-651. doi: 10.2174/138920 3720666190305163135.
44. PLoS One. 2015 Oct 16;10(10): e0139631.
45. Ann Transl Med. 2014 Feb;2(2): 14. doi: 10.3978/ j.issn.2305-5839.2014.01.05.
46. J Nutr. 2009 Sep;139(9): 1801S-5S. doi: 10.3945/jn.109.108324.
47. Acta Pharm Sin B. 2015 Jul; 5(4): 310-315.
48. Int J Gen Med. 2011; 4: 105-113.
49. Amino Acids. 1999;17(3): 227-41.

50. J Ginseng Res. 2012 Oct; 36(4): 354-368.
51. J Ethnopharmacol. 2006 Jan 16;103(2): 217-22.
52. Prog Food Nutr Sci. 1991;15(1-2): 43-60.
53. Br J Nutr. 2002 May;87 Suppl 2: S221-30.
54. J. Allergy Clin. Immunol, 2014, 133(2), doi: https: //doi.org/10.1016/j.jaci.2013.12.876
55. J Oral Pathol Med. 2015 Mar;44(3): 214-21.
56. Vitam Horm. 2018;108: 125-144.
57. Molecules. 2018 Nov; 23(11): 2778. doi: 10.3390/molecules23112778
58. Am J Clin Nutr. 1998 May;67(5 Suppl): 1064S-1068S.
59. Front Immunol. 2018; 9: 2448. doi: 10.3389/fimmu.2018.02448
60. Int Immunopharmacol. 2018 Jan;54: 261-266.
61. J Lab Clin Med. 1997 Mar;129(3): 309-17.
62. Clin Chim Acta. 2008 Mar;389(1-2): 19-24.
63. Drug DiscovTher. 2017 Nov 22;11(5): 230-237.
64. Molecules. 2012 Jun; 17(6): 7232-7240.
65. J Nutr. 2007 Jun;137(6 Suppl 2): 1681S-1686S
66. Journal of Biosciences April 2015 Vol. 22 No. 2, p 67-72
67. Cent Eur J Immunol. 2014; 39(2): 125-130. doi: 10.5114/ceji.2014.43711
68. Cell Reports 28, 3011-3021 September 17, 2019

第9章 兒童白血病（Leukemia in children）

1. European Journal of Clinical Nutrition volume 67, pages 1056-059(2013)
2. Adv Hematol. 2009;2009: 689639. doi: 10.1155/2009/689639. Epub 2009 Oct 20
3. Blood (2013) 122 (21): 5026.
4. Cell. 2017 Sep 7;170(6): 1079-1095.e20.
5. Cancer. 1990 Dec 1;66(11): 242Ch 8
6. Amino Acids. 2015 Jan;47(1): 101-9.
7. Adv Pharm Bull. 2015 Mar; 5(1): 103-108.
8. Oncoscience. 2015 Feb 6;2(2): 111-124.
9. Infect Disord Drug Targets. 2019;19(2): 133-140.
10. Cancer Res. 2014 Jul 15; 74(14): 3890-3901.
11. Leuk Res. 2007 Apr;31(4): 523-30.
12. Food Chem Toxicol. 2018 Feb;112: 435-440.
13. Immunobiology. 2008;213: 125-31.
14. Bone Marrow Transplantation volume 25, pages639-645(2000)
15. Cancer Prev Res (Phila). 2014 Dec;7(12): 1240-50.
16. J PediatrHematol Oncol. 2019 Aug;41(6): 468-472.
17. Nutr Cancer. 2012;64(1): 100-10.
18. Korean J Hematol. 2012 Mar; 47(1): 67-73.
19. Acta BiochimBiophys Sin (Shanghai). 2007 Oct;39(10): 803-9.
20. Nutr Cancer. 2008;60(2): 25Ch 8

21. CYTA-Journal of Food, 12(2), 134-140.
22. Sao Paulo Med. J. vol.124 no.6 São Paulo Nov. 2006
23. Immunopharmacol Immunotoxicol. 2013 Jun;35(3): 313-20.
24. Fundam Clin Pharmacol. 2006 Feb;20(1): 73-9.
25. Leuk Lymphoma. 2000 Nov;39(5-6): 555-62.
26. Wei Sheng Yan Jiu. 2001 Nov;30(6): 333-5.
27. Zhongguo Shi Yan Xue Ye Xue Za Zhi. 2006 Aug;14(4): 692-5.
28. Life Sci. 2003 Nov 14;73(26): 3363-74.
29. Cancer Sci. 2007 Nov;98(11): 1740-6.
30. Ann Oncol. 1999 Jan;10(1): 124-5.
31. Br J Haematol. 2002 Jun;117(3): 577-87.
32. Tumour Biol. 2015 May;36(5): 3919-30.
33. Biochem Pharmacol. 2012 Jun 15;83(12): 1634-42.
34. Clin Cancer Res. 2009 Jan 1; 15(1): 140-149.
35. Oncol Rep. 2012 Dec;28(6): 2069-76.
36. Nutr J. 2016 Jul 11;15(1): 65.
37. Apoptosis. 2006 Oct;11(10): 1851-60.
38. J Ethnopharmacol. 2009 Jan 21;121(2): 304-12.
39. Mol Cancer. 2013 Nov 12;12(1): 135.
40. Leuk Res. 2006 Jul;30(7): 84Ch 8
41. Leuk Lymphoma. 2001 Jan;40(3-4): 393-403.
42. Food Chem Toxicol. 2004 May;42(5): 759-69.
43. Blood (1997) 90 (10): 4054-4061.
44. Nutr Cancer. 2017 Jan;69(1): 64-73.
45. https: //pdfs.semanticscholar.org/24ad/4325a64fdbd5596fc97dfc265dd55fd76109.pdf
46. Romanian Biotechnological Letters 12(2): 3139-3147
47. Journal of Herbmed Pharmacology 4(2): 65-68
48. Int J Hematol. 2010 Jul;92(1): 136-43.
49. Front Oncol. 2019 Jun 19;9: 484.
50. Life Sci. 2004 Jul 2;75(7): 797-808.
51. Cancer Causes Control. 2004 Aug;15(6): 559-70.
52. Genet. Mol. Res. 15 (3): gmr.15037662
53. In Vivo. Nov-Dec 2012;26(6): 97Ch 8
54. Cancer Sci. 2009 Feb;100(2): 349-56.
55. Biochim Biophys Acta. 2005 May 30;1740(2): 206-14.
56. J PediatrHematol Oncol. 2010 Mar;32(2): e61-9. doi: 10.1097/MPH.0b013e3181ca9eb9.
57. Planta Med. 1998 May;64(4): 328-31.
58. Int J Biopharm Sci. 2018 Jan;1(1): 102. Epub 2018 Jan 2.
59. Nippon Shokuhin Kagaku Kogaku Kaishi 53(8): 408-415
60. Cell Prolif. 2012 Feb;45(1): 15-21.
61. Drug Des DevelTher. 2016 Apr 11;10: 1389-97.
62. Journal of Applied Biotechnology Reports, Volume: 4 Issue: 4, 2017, Pages: 701-706

兒科好醫師 1 孩子生病不一定靠藥醫

最新整體療法＆兒童營養功能醫學

作　　者：胡文龍
插　　畫：蔡靜玫
封面攝影：水草攝影工作室
圖文整合：洪祥閔
責任編輯：何　喬
社　　長：洪美華
出　　版：幸福綠光股份有限公司
地　　址：台北市杭州南路一段 63 號 9 樓
電　　話　(02)23925338
傳　真：：(02)23925380
網　　址：www.thirdnature.com.tw
E-mail：reader@thirdnature.com.tw
印　　製：中原造像股份有限公司
初　　版：2021 年 4 月
二　　版：2022 年 7 月
郵撥帳號：50130123 幸福綠光股份有限公司
定　　價：新台幣 350 元（平裝）

ISBN 978-626-96175-3-1

總經銷：聯合發行股份有限公司
新北市新店區寶橋路 235 巷 6 弄 6 號 2 樓
電話：(02)29178022 傳真：(02)29156275
原書名：兒科好醫師最新營養功能醫學

國家圖書館出版品預行編目資料

兒科好醫師 1 孩子生病不一定靠藥醫：最新整體療法＆兒童營養功能醫學／胡文龍著 -- 二版 . -- 臺北市：幸福綠光 , 2022.7
面；　公分

ISBN 978-626-96175-3-1 (平裝)

1 育兒 2. 幼兒健康 3. 親職教育
428　　　　　　111008606